Bibliografische Information der Deutschen Nationalbibliothek:

Die Deutsche Bibliothek verzeichnet diese Publikation in der Deutschen Nationalbibliografie; detaillierte bibliografische Daten sind im Internet über http://dnb.d-nb.de/ abrufbar.

Impressum:

Druck und Bindung: Books on Demand GmbH, Norderstedt Germany
ISBN: 9783668655300

Dieses Buch bei GRIN:

https://www.grin.com/document/415904

Michael Dienst

Über Lateralpläne, Resilienz und Seetüchtigkeit

About the Origin of Resilience and Seaworthiness

GRIN Verlag

Über Lateralpläne, Resilienz und Seetüchtigkeit

About the Origin of Resilience and Seaworthiness

Mi. Dienst
Berlin im Frühjahr 2018

INTRO. Resilienz artifizieller Systeme zielt auf Gestaltungslösungen. Resilienz im technischen Sinne bedeutet, dass selbst bei massiven externem Ungemach und interner Unsicherheit die nicht wesentlich reduziert werden kann, ein artifizielles System intakt, funktionsfähig und wirkungsvoll bleibt. Insbesondere in der maritimen Technik gehört Resilienz, auch wenn dieser Terminus emergiert, zu den über Leben und Tod entscheidenden Gestaltungs- und Konstruktionsparadigmen. Seit es Seefahrzeuge gibt. Resilienz artifizieller Systeme zielt ferner immer auf passive Robustheitsmerkmale maritimer Technik und konzeptionelle Plausibilitätsüberlegungen zur Vorbereitung auf von außen in das System wirkende Überraschungen und unerwartete Zusammentreffen mehrerer Störereignisse sowie ihrer unvorhersehbaren Verkettungen. Resilienzphänomene die mit geringem oder ohne kognitiven Aufwand erfolgen und ablaufen, sind für manche Konstrukteure von besonderem Interesse. Nicht kognitive Resilienz meint beispielsweise die Fähigkeit eines Systems passiv adaptiv zu sein. Dieserart interessieren uns geometrische Gestaltungs- und Konstruktionsparameter. Bei Seefahrzeugen in Fahrt ist ein wesentliches Resilienzkriterium das „schlecht strukturierte Merkmal" Schiffsstabilität. Der vorliegende Aufsatz erörtert vor dem Hintergrund rezenter Resilienzparadigmen den geometrisch – passiven Einfluss des Lateralplans eines Halbtaucherschwimmsystems und bleiben auf stationäre Betrachtungen begrenzt.

Introduction. Resilience of artificial systems is aimed at design solutions. Resilience in the technical sense means that even with massive external adversity and internal insecurity that cannot be significantly reduced, an artificial system remains intact, functional and effective. Especially in maritime technology, resilience, even if that term emerges, is one of the design and construction paradigms that determine life or death. Since ther's maritime technology. Furthermore, resilience of artificial systems always aims at passive robustness characteristics of maritime technology and conceptual plausibility considerations in preparation for surprises from the outside into the system and unexpected coincidences of several disruptive events as well as their unpredictable links. Resilience phenomena occurring with little or no cognitive effort are of particular interest to some designers. For example, noncognitive resilience means the ability of a system to be passively adaptive. In this way, we are interested in geometric design parameters. In the case of maritime vehicles in transit, a key criterion for resilience is the "poorly structured characteristic" of ship stability. Against the background of recent resilience paradigms, this article discusses the geometrical - passive influence of the lateral plan of a semi-submersible swimming system and remains limited to stationary considerations.

SCHIFFSBEWEGUNG

Grundsätzlich gilt: Stabilität eines Halbtauchers ist das Widerstandsvermögen gegen translatorische und rotatorische Bewegungen eines Schwimmsystems. Seetauglichkeit und Schiffstabilität besitzt keine physikalisch objektive Bedeutung wie etwa die Begriffe Kraft, Moment oder Masse. Stabilität hängt vielmehr von subjektiven Größen ab, etwa dem Bezugssystem. Deshalb kommt es sehr darauf an, welche Eigenschaften und Merkmale man für die Feststellung der Stabilität eines maritimen Systems auswählt.
Ein gestalterisches Merkmal jedes Schiffes ist sein Lateralplan. Der Lateralplan eines Halbtauchers beinhaltet viele Informationen über die Größe und die Verteilung der benetzten Fläche in Fahrt. Der Lateralplan ist die Projektion des Unterwasserschiffs in der X-Z-Ebene eines körperfesten Koordinatensystems - dem Bezugssystem nach Lagrange - des Halbtauchers in Fahrt.
In der einschlägigen Literatur wird dem Lateralplan eine bedeutsame Rolle bei der Herstellung passiver Stabilität eines Seefahrzeugs in Fahrt einberaumt. Die passive Stabilität korreliert mit der gleichsam subjektiv beschriebenen Seetauglichkeit. Dem laienhaften Betrachter, ja selbst dem Schiffspraktiker oder Bootsbauer ist nicht unbedingt klar vor Augen, warum dies so ist. Der vorliegende Aufsatz leitet ein Deutungsmodell für diese passive, subjektiv beschriebene Komponente der Seetüchtigkeit her, das in Analogie zu dem aus der klassischen Mechanik stammenden Begriff und Tatbestand des Flächenträgheitsmoments 2. Ordnung bemüht, um den Beitrag des Lateralplans zur Schiffsstabilität eines Halbtauchers zu klären. Die Ergebnisse von Berechnungen an Lateralplan-Modellen legen die Vermutung nahe, dass das vorgeschlagene Deutungsmodell die aus der Literatur bekannten Erfahrungswerte wiederspiegelt und auf abstrakter Ebene sogar quantifiziert.
Zur Einteilung der Schiffsbewegung hinsichtlich autonomer Schiffsstabilisierung und Einflussfaktoren auf Bewegungen und Destabilität eines Halbtauchersystems, werden zunächst die im Aufsatz nachfolgend verwendeten Begriffe geklärt.

Von grundsätzlicher Bedeutung sind Form und Größe des Rumpfes (des Seefahrzeugs oder eines des Lebewesens), Masse und Masseverteilung des Fahrsystems (Trimmung) und das dynamische Verhalten (z. B. bei Kursänderungen und bei hoher Geschwindigkeit).
Eine grobe Einteilung der Schiffsbewegungen beim Manövrieren benennt das Rollen oder Rotationsschlingern (ROLL), entsprechend einer Rotation um die X-Achse, das Stampfen und Nicken (PITCH), entsprechend einer Rotation um die Y-Achse und das Gieren (YAW) entsprechend Rotation um die Z-Achse. Des Weiteren benennen wir die der Fortbewegung überlagerte translatorische Schiffsbewegung in X-Richtung (SURGE), die translatorische Seitenverschiebung in Y-Richtung (SWAY) und die Tauch- und Hebebewegung in Z-Richtung (HEAVE), sowie das Schlingern und Taumeln (LURCHING) um eine im Bugpunkt gedachte vertikale Rotationsachse.
Die elementaren, grundsätzlichen Parameter der Stabilität eines maritimen Fahrsystems (eines Halbtauchers im Besonderen) sind der Gewichtsschwerpunkt und der Auftriebsschwerpunkt. Der Auftriebsmittelpunkt wird auch als Form- oder Verdrängungsschwerpunkt bezeichnet. Der Abstand zwischen Gewichtsschwerpunkt und Auftriebsschwerpunkt ist die metazentrische Höhe. Im Gewichtsschwerpunkt kann man sich die gesamte am Halbtauchersystem wirkende Gewichtskraft auf einen Punkt konzentriert vorstellen. Bei

einer Krängung aber behält der Gewichtsschwerpunkt seine Position im Halbtaucher-system bei, solange alle Massen an ihrem Ort bleiben.

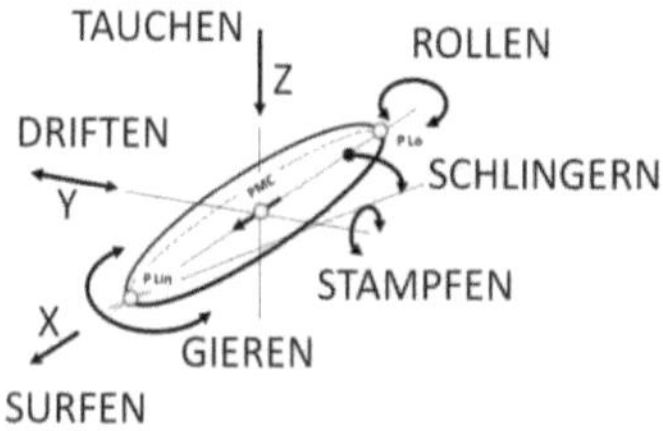

Wenn zum Beispiel bei einem Schiff Ladung übergeht, ändert dies auch den Gewichts-schwerpunkt. Im Auftriebsschwerpunkt eines Halbtauchers kann man sich die gesamte vertikal wirkende Gewichtskraft des verdrängten Wassers denken. Der Auftriebsschwer-punkt ändert seine Lage bei einer Krängung des Seefahrzeugs. Dies hat einen ganz einfachen Grund: Die symmetrische Gestalt eines Halbtauchersystem hinterlässt bei einer Krängung einen nichtsym-metrischen „Abdruck" seiner Form im Medium Wasser. Die Gestalt des verdrängten Wassers ändert sich in der Krängung. Im ungekrängtem Zustand, also bei aufrechter Schwimmlage des Halbtauchers, liegen Gewichtsschwerpunkt und Auftriebsschwerpunkt senkrecht übereinander. Wird das Schiff durch einen äußeren Einfluss gekrängt (ROLL), bleibt der Gewichtsschwerpunkt auf das Halbtauchersystem bezogen zwar an seinem Platz, wandert aber insgesamt gesehen zur Seite der Krängung aus. Der Auftriebsschwer-punkt wandert zur selben Seite aus und zwar ins Zentrum des jetzt verdrängten Wassers. Wenn Gewichtsschwerpunkt und Auftriebsschwerpunkt jetzt nicht mehr senkrecht übereinanderstehen und der Gewichtsschwerpunkt unterhalb des Anfangsmetazentrums des Halbtauchersystems liegt, entsteht ein aufrichtendes Moment, das dem krängenden Moment entgegenwirkt. Dieses aufrichtende Moment ist die Resistenz des Seefahrzeugs gegen Krängung. Und Gegenstand unserer Stabilitätsbetrachtungen. Durch Wind, Seegang und Dünung entstehen dynamische Stabilitätsbelastungen (z.B. Rollperiodenresonanzen oder das „Geigen" des Schiffes) deren Beurteilung weitestgehend der nautischen Erfahrung der Schiffsführung überlassen bleiben.

RESILIENZ UND SEETÜCHTIGKEIT

Der aus der Psychologie stammende Begriff der Resilienz wird häufig mit dem „Abfederungsvermögen" von Systemen gegen äußere Störungen gleichgesetzt. Der Begriff *Resilienz* wurde in den 1970er Jahren durch Crawford S. Holling in die Ökologie eingeführt. Die Idee der Resilienz von ökologischen und sozialen Systemen setzte sich ab den 1990er Jahren zunehmend durch[1].

Resilienz bezeichnet in der Technik die Fähigkeit von artifiziellen Systemen bei massiven externen und/oder internen Störungen und Teilausfällen nicht vollständig zu versagen, sondern selbstständig wesentliche Funktionen aufrechtzuerhalten oder in den Ausgangszustand zurückzukehren (allgemeine Systemtheorie).

Eine bedeutende Rolle in der Technik spielen Schiffe. Auf der abstrakten Ebene der Systemanalyse sind beispielsweise Segelschiffe sowohl Arbeits- als auch Kraftsysteme von erheblicher Komplexität.

Auf See und bei Schiffen spielen Konzepte der Sicherung von Reservekapazitäten zur Bewältigung irreduzibler Unsicherheiten eine große Rolle. Im Gegensatz zu Gebäuden entscheidet bei Schiffen das Design über Leben und Tod. Deshalb ist in den Kulturen der

[1] https://de.wikipedia.org/wiki/Resilienz

Welt die jeweilige maritimer Kultur und Technik ein guter Gradmesser der Entwicklung einer Gesellschaft. Auf dem Meer ist die Wahrscheinlichkeit möglicher Entwicklungen nicht ansatzweise abschätzbar. In den Jahrtausenden der Entwicklung „Werkzeug machender Wesen", in den 10.000 Jahren der technischen Evolution wurden sicher unzählige äußerst effiziente und Ressourcen schonende Gestaltungslösungen und Technologien hervorgebracht. Besonders in der maritimen Technik. Parallel zu den mobilitätsrealisierenden Artefakten muss sich das Wissen ihres effizienten Gebrauchs entwickelt haben. Navigation, das Manövrieren, die Gesamtheit aller Schiffserhaltenden Handlungen und alle Fertigkeiten, die zur praktischen Handhabung eines Seefahrzeugs müssen beherrscht werden und guter „Seemannschaft" entsprechen, wie es heute heißen würde. Gerade bei fluidischen Maschinen, Schiffen, Booten und Flugzeugen oder Zeppeline, aber auch bei anderen Kraft- Arbeits- und Bewegungsmaschinen wie Wind- und Wasserkraftwerken oder Schiffsantrieben kommt der Materialauswahl eine wichtige „Konstruktionsbedeutung" zu. Artifizielle Resilienz zielt auf Gestaltungslösungen für Technik und Prozessführung um bei massiver externer und/oder interner Unsicherheiten, die nicht wesentlich reduziert werden können, funktionsfähig zu bleiben. Sie zielt ferner auf Robustheits- Plausibilitätsüberlegungen zur Vorbereitung auf Überraschungen und das unerwartete Zusammentreffen mehrerer Störereignisse und unvorhergesehene Verkettungen. Unsere Aufgabe sei es an dieser Stelle, abstrakte Gestaltungselemente resilienter Systeme, wie Puffer, Redundanzen, Diversität und dämpfende Rückkopplungen zusammenzutragen mit dem Ziel die richtige Balance zwischen Dezentralität und Zentralität, Reservekapazitäten, die Starrheit von Kopplungen, Speicher- und Lastmanagement herauszufinden. Gleichsam sind natürliche und artifizielle Systeme und Prozesse hinsichtlich ihrer Vulnerabilität[2] (Verwundbarkeit) auf der einen Seite und resiliente Merkmale und Eigenschaften auf der anderen zu hinterfragen. Technische Verwundbarkeit maritimer Systeme zu verstehen heißt also, zu ermitteln welchen Stressfaktoren ein maritimes Fahrsystem ausgesetzt ist, welchem physikalischen Impact es ausgesetzt ist (externe Dimension), ob es dieses physikalische Ungemach bewältigen kann (interne Dimension) und unter den Folgen der Schocks und Nichtbewältigung leiden zu muss, gegebenenfalls versagt.

Sprechen wir nun über die Resilienz maritimer Systeme. Artifizieller und natürlicher Art. Ich wende die systemische Sicht, den systemischen Duktus auf Technik und auf Lebewesen an, respektvoll und wohl wissend, dass ein Biosystem ein Wesen ist, das west. Denke ich über die Resilienz maritimer Systeme nach, kommt mir zuerst das Paradigma mechanischer Festigkeit und Kompaktheit in den Sinn. Resiliente Systeme sind mechanisch widerstandsfähig. Einem von außen eingebrachten physikalischen Impact setzen sie strukturellen Aufwand und geeignete Materialien entgegen. Es ist also ein Phänomen der Phasengrenze, die das (vielleicht bedrohliche) Außen von einem schützenswerten inneren Milieu trennt. Viel seltener verwenden wir die Metapher der Hülle als etwas die Außenwelt mit dem Inneren Verbindendes. Im Systeminneren, also diesseits der Phasengrenze herrscht ein organisiertes Gefüge von Wirk- und Funktionseinheiten, die das Funktionieren des Gesamtsystems gewährleisten. Um deren Intaktheit dreht sich offenbar die Sorge. Intaktheit und Unversehrtheit von Hülle und Innerem ist also offenbar ein wichtiger Resilienzparameter. Intaktheit, im deutschen Sprachgebrauch steht Takt für Rhythmus, melodisch, ist ein hochinteressantes Wort. Suggestiv steht intakt für unbeschädigt, heil,

[2] Der Begriff Vulnerabilität (von lateinisch *vulnus* „Wunde" bzw. *vulnerare* „verwunden") bedeutet „Verwundbarkeit" oder „Verletzbarkeit". Er findet in verschiedenen wissenschaftlichen Fachrichtungen Verwendung.

unversehrt und frei von Mängel, ganz. Der Begriff der Intaktheit impliziert aber auch ein funktionales Zeitverhalten des Systems. Intaktheit ist also eine Prozesseigenschaft. Als seien zum Funktionieren (Überlebens-) Rhythmen zugange, Eine Transition, ein Zeitverhalten. Ein Trigger; ein Sound, wer hätte das gedacht.

Wir werden unten sehen, dass Resilienzphänomene uns besonders dann interessieren, wenn sie mit geringem oder ohne kognitiven Aufwand erfolgen und ablaufen. Nicht kognitive Resilienz meint beispielsweise die Fähigkeit eines Systems passiv adaptiv zu sein. Passive Merkmale spielen bei der Frage der Seetüchtigkeit eine entscheidende Rolle. Passive Eigenschaften rühren in der Regel von Konstruktionsmerkmalen her mit dem Vorteil, dass Gestaltungsregeln erlernbar sind. Einem physikalischen Ungemach passiv zu widerstehen gelingt im rauen Leben draußen auf See oft durch schiere Größe und physische Präsenz der Konstruktion. Offshore ist jeder Fuss Bootslänge ein Gewinn und die Regel: Groß schlägt klein und häufiger kommt oft in vielen Gestaltungsfragen zutreffend. Das im Jollenbereich anfangs belächelte „Gorilla-Design" von Beschlägen, laufendem und stehendem Gut, von Gurten und vor allem Ruderpinnen hat sich in der Regattapraxis durchaus bewährt. Der psychologischen Erkenntnis ging dabei keineswegs ein Gestaltungsansatz voraus. Gleichsam wissen wir aus Erfahrung, dass die durch Oversize-Konstruktion realisierte geometrische Resistenz eines Systems nicht eindeutig immer vorteilhaft sein muss. Im Gegenteil. Kluge Downsize-Konzepte führen oft zu Kompaktheit und zusätzlicher mechanischer Festigkeit bei gleichem oder niedrigerem Gewicht. Überlebende physische Präsenz ist keinen falls eine Frage der Skalierung. Die Redundanz funktionaler Einheiten ist ein Grundprinzip resilienter Konstruktionsweisen. Gerade im maritimen Bereich sind (aus Erfahrung) Ausrüstungsbauteile so ausgeführt, dass sie im Falle einer plötzlichen Havarie ad hoc funktional „umgewidmet" werden können. Spieren besitzen scheinbar überflüssige, unnötige Ösen, Tampen werden paarweise angeordnet, Fender zu Rettungsbojen, der Großbaum einer Segelyacht taugt als Bootsmannstuhl.

Seefahrzeuge beanspruchen Zeit und Hege. Der Werterhalt einer Yacht ist gleichzeitig der Erhalt der Funktionsfähigkeit. Weil Seefahrzeuge in aller Regel kein funktionsloses Design aufweisen, bilden Resilienz und Werterhalt eine kongeniale Einheit. Ein sehr konkretes Resilienzmerkmal ist die Resistenz des Seefahrzeugs gegen Kenterung, Fluten und Leckschlagen. In Fahrt ist der Erhalt der Manövrierfähigkeit bedeutsam und die Fähigkeit des Seefahrzeugs, im Falle einer Havarie Manöver autonom ausführen zu können. Bei Segelbooten ist beispielsweise die Luvgierigkeit[3] eine von der Besatzung als angenehm empfundene Eigenschaft. Die Bevorzugung luvgieriger Yachten ist zwar ein subjektiver Parameter, dem hartgesottene Regattasegler wenig Spielraum beimessen, aber natürlich ein Gestaltungsaspekt, beziehungsweise ein Auswahlkriterium. Die Luvgierigkeit nimmt zu, wenn der Kräftemittelpunkt (zu) weit hinten oder (zu) weit außen liegt, was bei kleinen Booten erheblich mit den beweglichen Lasten, der Menschen an Bord einhergeht.

Eine leichte Luvgierigkeit ist häufig erwünscht, um die Steuerung des Bootes zu vereinfachen. Außerdem ist es für die Sicherheit von Vorteil, wenn beispielsweise bei einem Bruch der Pinne das steuerlose Boot selbständig in den Wind schießt, das heißt nach Luv abdreht und damit zum Stillstand kommt. Leegierigkeit ist - außer im Regattabereich - fast immer unerwünscht. Der Erhalt der Manövrierfähigkeit eines Halbtauchersystems wird mit

[3] Als Luvgierigkeit bezeichnet man das Bestreben eines Schiffs, insbesondere eines Segelschiffs, bei mittschiffs fest stehendem Ruder nach Luv, also in Richtung des Windes, zu drehen. Das gegenteilige Verhalten, nach Lee zu streben, bezeichnet man als Leegierigkeit. https://de.wikipedia.org/wiki/Luv-und_Leegierigkeit

fortschreitender Digitalisierung an Bord auch mehr und mehr von der Funktionsfähigkeit der elektronischen Steuerung und Regelung in Verbindung zu setzen sein. Wie bei Wirkungsgraden multipliziert sich die Resistenz gegen Empfindlich- und Anfälligkeiten einer Regestrecke zu immer kleineren Werten, was übrigens ein mathematisch belegbares Naturgesetz ist. Für viele Ingenieure ist die Wirtschaftlichkeit reiner „Drive by Wire-Konzepte“ rational nicht nachvollziehbar aber Fakt.

Was wir vorfinden

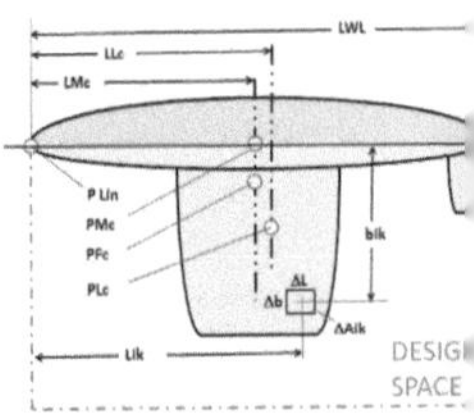

DS Design Space Entwurf- und Konstruktionsbauraum
PLin Leadin Point (Konstruktions-) Bugpunkt
PLo Leadout Point (Konstruktions-) Heckpunkt
PMc Center Point (Konstruktions-)Mittelpunkt
PLc Lateral Center Point Lateraldruckpunkt[4]
PFc Force Center Point Kraftmittelpunkt
PFcD dynamical Force Center Point Kraftmittelpunkt in Fahrt
KWL Konstruktionswasserlinie
LWL Länge der (Konstruktions-) Wasserlinie
LLc Länge zum Lateralflächenmittelpunkt (bez. KoordinatenNullpunkt)
LMc Länge zum konstruktionsmittelpunkt (bez. KoordinatenNullpunkt)
mn Modell-Diskretisierung (in: x,z,y)
i,k,j Indizes der Diskretisierung in den Koordinaten x,z,y
ΔAik finites Flächenteilchen (i,k) des Lateralplans $\Delta Aik = \Delta Lik \, \Delta bik$
ΔLik finite, diskrete Länge in (i) im Lateralplan (x-Richtung)
Δbik finite, diskrete Länge in (k) im Lateralplan (z-Richtung)
Δtij finite, diskrete Länge in (j) im Lateralplan (z-Richtung)
Lik horizontaler Abstand des finiten Flächenteilchens (vom Bugpunkt) in der Bezugsebene (x,z)
bik vertikaler Abstand des finiten Flächenteilchens in der Bezugsebene (x,z)
mD Modul (Modell-Diskretisierung) mD=LWL/mn

Artifizielle Intelligenz (oder was man dafür hält) wird die kognitiven Leistungen (des Wesens, der Besatzung) an Bord unterstützen oder vielleicht teilweise ersetzen. Seetüchtigkeit wird zu einem Regel- und Steuerparameter. Das ist durchaus der Trend, wird aber unter Resilienzkriterien betrachtet keine vorteilhafte Entwicklung sein. Resilienz bedeutet, dass sich die Dinge immer dann, wenn es „Spitz auf Knopf“ steht zur sicheren Seite hin entwickeln. Der Begriff der Resilienz besitzt starke passiv-konservative Komponenten, Prozesse also, die sich selbst überlassen, immer einen Zustand geringster innerer Energie annehmen. Resiliente Konstruktionen bleiben bei einer Havarie formhaltig und kompakt. Ihre strukturelle Flexibilität sollte immer eine kontrollierte Elastizität sein. Einem Kraftschluss

[4] Der Lateraldruckpunkt (beispielsweise eines Segelboots) ist ein geometrisch ermittelbarer Punkt, der Auskunft über das Trimmverhalten von Segelfahrzeugen geben kann. Der Lateraldruckpunkt ist der Flächenschwerpunkt des Lateralplans. Der Hebelarm zwischen Lateralpunkt und Kraftmittelpunkt verursacht die Luv- und Leegierigkeit eines Bootes. Die relative Position der beiden Punkte beeinflusst somit die Richtung, in der das Boot relativ physikalischen Impact (zum Wind segelt) fährt. https://de.wikipedia.org/wiki/Lateraldruckpunkt
Siehe auch: Deutscher Hochseesportverband (Herausgeber): *Seemannschaft*, Bielefeld: Delius Klasing 1987.

folgt im Schadensfall oder in der Havarie ein (konstruktiv) begründeter Formschluss, so wie am Fahrrad das Schutzblech erstmal mörderisch klappert, bevor es auf Grund einer losen Schraubenverbindung verlorengeht.
Resilienz als Gestaltungsabsicht (Design Intent) ist eine Frage herrschender Konstruktionsparadigmen und damit Gegenstand rezenten Zeitgeistes. Zum Glück muss diese Frage an dieser Stelle nicht beantwortet werden.

EIN MODELL FÜR DIE RESISTENZ GENE PHYSIKALISCHEN IMPACT

Aus der klassischen Mechanik und Festigkeitslehre sind die äquatorialen, polaren und axialen Flächenmomente[5] 2. Ordnung bekannt. In Modellen für die Biegebelastung von Bauteilen:

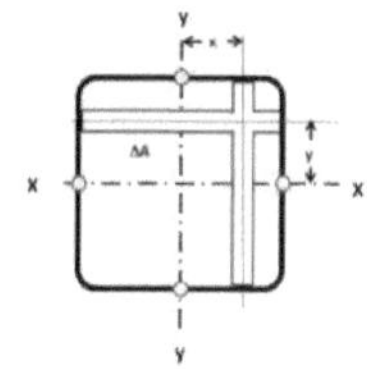

Die Achsen (x-x) und (y-y) in der x-y-Ebene und der zentrale Punkt PC im Koordinatenursprung bilden ein Rotationsachsensystem.

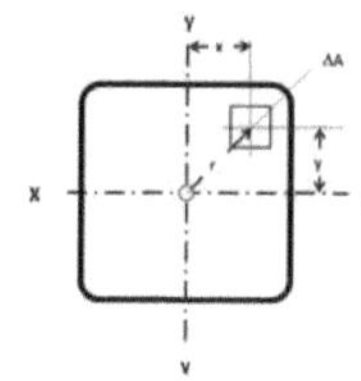

Die äquatorialen Flächenträgheitsmomente 2. Ordnung über die (Rotations-) Achse x-x und dem horizontalen Flächensegment ΔA, bzw. über die Achse y-y und dem vertikalen Flächensegment ΔA sind definiert als:

Flächenträgheitsmomente 2. Ordnung $J_x = \Sigma^{i,k}\ y^2 \cdot \Delta A$ und
$J_y = \Sigma^{i,k}\ x^2 \cdot \Delta A$

Das polare Trägheitsmoment 2. Ordnung $J_p = \Sigma^{i,k}\ r^2 \cdot \Delta A_{i,k}$

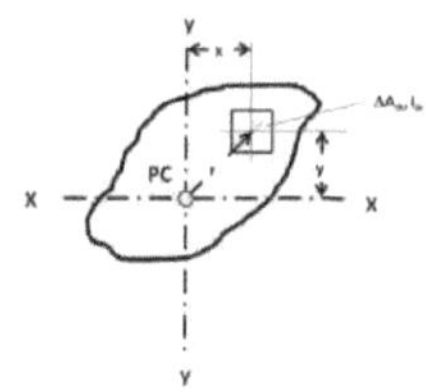

Der radiale Trägheitsabstand r vom Zenterpunkt ist gegeben mit
$r^2 = x^2 + y^2$ und das (finite) Flächen-Element mit der Fläche $\Delta A = \Delta x\ \Delta y$.
Außerdem gilt der geometrische Zusammenhang $J_p = J_x + J_y$.

Für unsere Überlegungen interessanter ist die Entwicklung des Flächenträgheitsmoments 2. Ordnung für eine beliebige Fläche aus infinitisimale Teilfläche ΔA um die horizontale Achse x-x beziehungsweise um die vertikale Achse y-y, wobei die Teilfläche A_{ik} das Trägheitsmoment I_{ik} hat, mit $\Delta A = \Delta x\ \Delta y$.

Flächenträgheitsmomente 2. Ordnung $I_x = \Sigma^{i,k}\ I_{ik} + a_{ik}^2 \cdot \Delta A_{ik}$

Für einen Rechteckquerschnitt $\Delta A = a\ b$ entnehmen wir dem Tabellenwerk[6] ein Flächenträgheitsmomente 2. Ordnung um die horizontale (x-x) Achse $I_{ab} = a \cdot b^3/12\ [m^4]$

[5] Das Flächenträgheitsmoment, auch als *Flächenmoment 2. Grades* bezeichnet, ist eine in der Festigkeitslehre verwendete, aus dem Querschnitt eines Trägers abgeleitete geometrische Größe, die zu dessen Verformungs- und Spannungsberechnung bei Biege- und Torsionsbeanspruchung eingeführt wurde. Die verwendeten Formeln enthalten das Flächenträgheitsmoment neben anderen Größen, wie solchen für die Belastung und für die Eigenschaften des verwendeten Werkstoffs. https://de.wikipedia.org/wiki/Fl%C3%A4chentr%C3%A4gheitsmoment

[6] In den Tabellenwerken zur technischen Mechanik und Festigkeitslehre werden die Flächenträgheitsmomente 2. Ordnung in aller Regel mit der Einheit [mm4] angegeben.

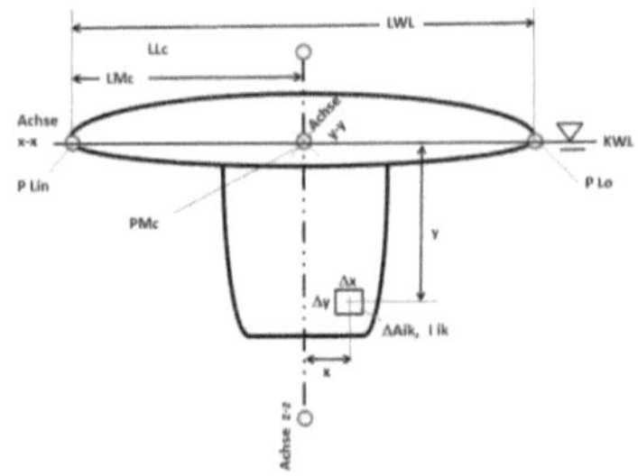

Die Rotationsachsen (x-x), (y-y) und (z-z) sollen den gemeinsamen Punkt PMc, den Konstruktionsmittelpunkt des Seefahrzeugs. Die infinitisimale Teilfläche ΔA sei Element des Lateralplans. Die Rotationsachse der Trägheitsfläche um die Achse (x-x) fällt mit der Konstruktionswasserlinie KWL zusammen.

Die Länge der Konstruktionswasserlinie LWL wird über das Modul mD (der Modell-Diskretisierung mn) diskretisiert, so dass mD=LWL/mn. Die Diskretisierung sei in allen drei Achsen (x-x), (y-y) und (z-z) gleich. Alle Flächenelemente einer Analyse- oder Gestaltungskampagne sind gleich, so dass für ein beliebiges Flächenelement gesagt werden kann:

$\Delta A = \Delta x\ \Delta y$. Durch die Modularisierung sei $(LWL/nm) = \Delta x = \Delta y$.

Das führt bei der Ermittlung des Flächenträgheitsmoments einer beliebigen Teilfläche zu einigen Vereinfachungen. Für das horizontale Flächenträgheitsmomente 2. Ordnung einer Teilfläche $\Delta A = \Delta x \cdot \Delta y = \Delta x^2$.
um die (x-x) Achse an einem beliebigen Ort mit dem Abstand a_{ik} im Lateralplan des Seefahrzeugs:

$$I_x = \Sigma^{i,k}\ I_{ik} \quad + \quad a_{ik}^2 \cdot \Delta A_{ik}$$

Trägheitsmoment 2. Ord. für ein diskretes Flächenelement $I_{ik} = \Sigma^{i,k}\ ((\Delta x^4 /12) + a_{ik}^2 \cdot \Delta x_{ik}^2)$
Im Falle der generalisirten und auf die Länge der Konstruktionswasserlinie bezogene finite Teilfläche $\Delta A_{ik}=(LWL/nm)^2$ folgt:

$$I_{ik} = \Sigma^{i,k}\ ((\Delta x^4 /12) + a_{ik}^2 \cdot \Delta x_{ik}^2) = \Sigma^{i,k}\ ((LWL/nm)^4/12) + a_{ik}^2 \cdot (LWL/nm)^2)$$

Mit dem Modul der Modell-Diskretisierung: mD=LWL/mn erhält man nun endgültig das horizontal-axiale Flächenträgheitsmoment 2. Ordnung

$$I_{ik} = (mD)^2 \cdot \Sigma^{i,k}\ (mD)^2/12) + a_{ik}^2\ [m^4]$$

Für eine Rotation um die (y-y) Achse der finiten Flächenanteile des Lateralplans erhalten wir in gleicher Weise mit dem Abstandsvektor $r^2 = a_{ik}^2 + b_{ik}^2$ das

polare Flächenträgheitsmoment 2. Ordnung: $I_p = (mD)^2 \cdot \Sigma^i\ (mD)^2/12) + r_i^2 \cdot \Delta A_{ik}$

Das polare und das axiale Flächenträgheitsmoment 2. Ordnung kann nun für einen beliebig diskretisierten Lateralplan mit der bekannten Länge der Konstruktionswasserlinie LWL ermittelt werden, sobald das Modul der Modell-Diskretisierung: mD=(LWL/mn) der Diskretisierung nm gesetzt ist. Für Parameterstudien reicht es sogar aus, Einflussfaktoren der finiten Teilflächen $\kappa_{i,k}$ der axialen und polaren Flächenträgheitmomente in besonderen Datentabellen zu ordnen und zu hegen, den Einflussfaktorenmattritzen. Die skalierende

Komponente der der axialen und polaren Flächenträgheitmomente ist dann lediglich die Konstruktionswasserlinie LWL und das Modul der Modell-Diskretisierung: mD=(LWL/mn) der Diskretisierung nm.
Eine Komponente der Resistenz gegen Rollen die über die Lateralfläche getragene (Flächen-) Trägheit des Unterwasserschiffes. Das Flächenträgheitsmoment einer Schnittfläche des biegeverformten Bauteils gibt in der klassischen Elastostatik Auskunft über seine Resistenz gegenüber Gestaltänderung. Das Trägheitsmoment ist dann am geringsten, wenn die Drehachse durch den Schwerpunkt der Fläche verläuft. Daher ist der Steiner'sche Anteil stets positiv, wenn man eine Parallelverschiebung der Drehachse weg vom Schwerpunkt durchführt. Das Flächenträgheitsmoment ist eine „extensive" Größe. Das bedeutet, das Flächenträgheitsmoment (in seiner Eigenschaft als extensive Größe) ändert sich mit der (Größen-) Variation der Geometrie des betrachteten Systems. Grundsätzlich sind extensive Größen (wie etwa das Volumen, die Masse, die Stoffmenge selbst) superponierbar und additiv. Wird beispielsweise die Stoffmenge verdoppelt, verdoppelt sich die extensive Größe.
Betrachten wir hierzu die Biegehauptgleichung. Die Spannung σ im belasteten Querschnitt A ist ein Funktion des Biegemoments MB und des Flächenträgheitsmoments 2. Ordnung eben dieses Querschnitts. In der Gleichung unten taucht die Besonderheit auf, dass das axiale Widerstandsmoment $W_Z = I_Z/e_Z$ über das Flächenträgheitsmoment I_Z und dem so genannten Wirkabstand e_Z ausgedrückt wird, eine spezifische Nomenklatur der Elastostatik. Das axiale Flächenträgheitsmoment I_A und der Wirkabstand e sind alleine über die Geometrie getragene Größen. Ebenso ist das die Struktur belastende Biegemoment MB eine extensive Größe. Die aus der klassischen Mechanik bekannte Beziehung für die (Balken-) Biegung:

Biegehauptgleichung: $\sigma = e\ MB / I_A$.

Anders als das Flächenträgheitsmoment I und das Biegemoment MB ist die Biegespannung σ eine „intensive" Größe. Intensive Größen (wie etwa die Temperatur, der Druck, die Viskosität) sind nicht stoffmengenbezogen und werden nicht von der Größe des Systems beeinflusst; sie sind nicht additiv.
Das zu einer Formänderung, hier die Biegung einer (beliebigen) Struktur erforderliche Moment isolieren wir jetzt aus dem Term mit einer kleinen Umstellung der obigen Formel:
$MB = \sigma\ I / e$.
Nicht zufällig besitzen (Kraft-) Momente, wie etwa das Biegemoment MB die Einheit [Nm], wie sie auch Energie aufweist. Energien tauchen in unterschiedlichster Gestalt auf. Energien sind die Jongleure, die Dealer. Auch die für so manchen Hedonisten (wie mich) fatalen Kalorien einer schmackhaften Schweinshaxe werden am Ende des Tages in Joule, also [Nm] abgerechnet. Gleichsam die potentielle Energie eines Kartoffelsacks auf der Klippe $E_{POT} = m\ g\ h$ und ihr Äquivalent, die kinetische Energie nach dem Sturz in die Tiefe $E_{KIN} = m\ v^2/2$.
Eine in diesem Sinne besonders „hübsche" Energie ist die Formänderungsarbeit W. Das ist beispielsweise die Energie, die nach einem Unfall in einer deformierten, zerkneulten Struktur gespeichert bleibt; man sagt, die Energie des Aufpralls wird in der Formänderung „aufgezehrt"! Was natürlich falsch ist. Denn Energie geht nicht verloren, wird nicht aufgezehrt, sondern sie wird (nur) verwandelt. In der an Anwendungen orientierten Fluidmechanik nehmen Energien insofern eine besondere Stellung ein, da sie vom Praktiker eher gemieden werden. Bei Fahrsystemen und insbesondere bei Seefahrzeugen sind Leistungen am System, also etwa Antriebsleistung, Manövrierleistung oder die

Friktionsleistung an einem Unterwasserschiff die „angenehmeren" Kriterien in Gestaltungsfragen. Klären wir an dieser Stelle die Zusammenhänge mit einer Dimensionenbetrachtung über die gebräuchlichen Größen der Fluidmechanik.

Größe	Symbol	Einheit	Dimension
Länge	l	[m]	$\{L\}$
Fläche	A_{yz}	[m^2],	$\{L^2\}$
Volumen, Volumenelement	dV	[m^3],	$\{L^3\}$
Widerstandsmoment	W	[m^3],	$\{L^3\}$
Flächenträgheitsmoment	I	[m^4]	$\{L^4\}$
Dichte (Fluid)	ρ	[kg m^{-3}],	$\{M \cdot L^{-3}\}$
Geschwindigkeit	v	[m s^{-1}]	$\{L \cdot T^{-1}\}$
Beschleunigung	a	[m s^{-2}]	$\{L \cdot T^{-2}\}$
Dyn. Viskosität	μ	[N s /m^2]	$\{M \cdot L^{-1} \cdot T^{-1}\}$
Kin. Viskosität	ν	[N s /m^2]	$\{L^2 \cdot T^{-1}\}$
Kraft	F	[N], [kg m s^{-2}]	$\{M \cdot L \cdot T^{-2}\}$
Moment	M	[N m], [kg m^2s^{-2}], [J],	$\{M \cdot L^2 \cdot T^{-2}\}$
Streckenlast	q	[N m^{-1}], [kg s^{-2}],	$\{M \cdot T^{-2}\}$
Druck, Spannung	p, σ	[N m^{-2}], [kg $m^{-1}s^{-2}$],	$\{M \cdot L^{-1} \cdot T^{-2}\}$
Energie	E	[N m], [kg m^2s^{-2}], [J],	$\{M \cdot L^2 \cdot T^{-2}\}$
Leistung	P	[N m s^{-1}], [kg m^2s^{-3}], [W],	$\{M \cdot L^2 \cdot T^{-3}\}$

Eine Dimensionsanalyse der Biegehauptgleichung liefert:

$$MB = \sigma\, I / e = \quad \{ M \cdot L^2 \cdot T^{-2} \} = \{ M \cdot L^{-1} \cdot T^{-2} \} \cdot \{ L^4 \} \cdot \{ L^{-1} \}$$

Die Biegespannung σ als intensive Größe, die wir intuitiv dem Innern einer belasteten Struktur zuordnen, ist korrelativ verknüpft mit einer an der Oberfläche verteilt wirkenden Kraft, etwa der (Linien-) Streckenlast q [Nm^{-1}] im eindimensionalen Fall, beispielsweise als Randbedingung einer elastischen Linie und sobald man den räumlichen Balken betrachtet, einer Flächenbelastung p [Nm^{-2}] im zweidimensionalen Fall.

Ein über die Fläche des Lateralplans eines Seefahrzeugs realisiertes Displacement ist Formal ein Transportphänomen, das sich im Kontinuum (Wasser) ereignet. Aus energetischer Sicht ist eine Formänderungsarbeit W_{FOA} am Medium zu vollbringen. Diese in das Medium eingekoppelöte Energie ist um so größewr, je „wirkungsvoller" der Prozess ist. Die Formänderungsenergie W_{FOA} wächst mir der Flächenbelastung p und dem Flächenträgheitsmoment I des Lateralplans eines Halbtauchers.

$$W_{FOA} = p\, I / e \quad [J] \qquad \{ M \cdot L^2 \cdot T^{-2} \}$$

Von der intensiven Größe p [Nm^{-2}], der beaufschlagenden (Formänderungs-) Flächenbelastung, nennen wir sie den physikalischen Impact auf das Halbtaucherfahrsystem, besitzen wir keine quantitativen Aussagen. Das Maß e [m] ist der maximal auftretende Wirkabstand, vergleichbar mit dem Tiefgang des Unterwasserschiffes. Wir können aber aus dem Term (p I e^{-1}) [J] ablesen, wie intensive Parameter eine Änderung der Formänderungsenergie W_{FOA} [J] bedingen. Für einen gegebenen physikalischen Impact p [Nm^{-2}], hängt die in das Medium eingekoppelte Energie lediglich von der Größe, der Art und der Gestalt des Lateralplans ab, also extensiven Konstruktions- und Gestaltungsparametern. Anders ausgedrückt ist Größe, Art und Gestalt des Lateralplans ein Maß für seinen Beitrag zu einer Resistenz gegen Schiffsbewegungen, oder das Flächenträgheitsmoment 2. Ordnung sei ein über geometrische Parameter getragenes Maß für die Resistenz gegenüber Schiffsbewegungen und für den Beitrag des Lateralplans eines Halbtaucherseefahrzeugs zur Seetauglichkeit.

Deplationsenergie $\mathbf{W_{FOA} \sim I}$

Im Folgenden werden wir auf der Grundlage des oben entwickelten Ansatzes der Trägheitsflächen und der axialen und polaren Flächenträgheitsmomente zwischen translatorischen und rotatorischen Phänomenen unterscheiden. Vergegenwärtigen wir uns noch einmal die graduelle Einteilung der Schiffsbewegungen:

ROLL: das Rollen oder Rotationsschlingern, Rotation um die X-Achse;
PITCH: das Stampfen und Nicken entsprechend einer Rotation um die Y-Achse;
YAW: das Gieren, die Rotation um die Z-Achse;
SURGE: die der Fortbewegung überlagerte translatorische Bewegung in X-Richtung;
SWAY: die translatorischen Seitenverschiebung in Y-Richtung
HAEVE: die Tauch- und Hebebewegung in Z-Richtung;
LURCH: dasSchlingern und Taumeln um den Bugpunkt.

All diese Schiffsbewegungen und respektive die jeweilige Resistenz gegen diese Schiffsbewegungen sind mit mehr oder weniger Intensität an die Größe, die Art und Flächenverteilung des Unterwasserschiffs (den Lateralplan) des Seefahrzeugs verknüpft. Grundsätzlich ist vielleicht noch hervorzuheben, dass der Lateralplan eines Seefahrzeugs nichts (aber auch gar nichts) über die Masseverteilung im Unterwasserschiff und im gesamten Halbtaucher, seiner Last- und Ladungsverteilung etwa, aussagt. An dieser Stelle werden alleine die über die Fläche und die Flächenverteilung getragenen Bewegungsphänomene einer Resistenz diskutiert. Es werden keine mit der vom Bootskörper verdrängten Wassermasse in Verbindung stehenden Effekte abgebildet, sondern lediglich translatorische Friktionsphänomene und mit der Fläche und der Flächenverteilung im Lateralplan verbundene Flächenwiderstandseffekte.

MODELLE UND LATERALPLÄNE

Faktoren, die Fahrtleistung und Fahrteigenschaft einer Touren-Rennyacht bestimmen, können eine Vorlage sein, verallgemeinernde Resienzkriterien zu formulieren. Formwiderstand, dh. Schlankheit und Formgebung des Unterwasserschiffes, Reibungswiderstand der benetzten Oberfläche des Unterwasserschiffes, mechanische Festigkeit und Stabilität, Manövrierfäghigkeit, Passive Kurshaltefähigkeit, Seefreundlichkeit (bezüglich der

Bewegungen im Seegang), Seetüchtigkeit (hohe Überlebenswahrscheinlichkeit und gutes Verhalten bei extremen Wetterverhältnissen) Geometriereduktion, kontrollierte Elastizität, aufkommende Robust- und Kompaktheit führen auf ein extrem regenerationsfähiges System (RESILIENCY). Oftmals verändern sich dann weitere geometrische, funktionale und Prozessführungsgrößen in eine positive Richtung. Für zukunftsweisende Konstruktionen ist die funktionale Adaptionsfähigkeit, die Funktionsintegration, eine Leistungsverdichtung bei hoher Kompaktheit und systeminhärente Resilienz eine Kombination erwünschter Eigenschaften.

Eine der Aufgaben des Unterwasserschiffs eines Mobilitätssystems mit seinen Leit- und Steuertragflächen im Lateralplan, ist das Erzeugen und Bereitstellen jener Querkraft, die zum Manövrieren und zum Stabilisieren benötigt wird. „Bezahlt“ wird das Auftriebsgebaren der Leit-, Steuer- und Stabilisierungstragflächen mit fluidmechanischem Widerstand. Der Leistungsaspekt ist bei (artifiziellen und biologischen) Halbtauchersystemen vor dem Hintergrund interessant, dass die zum Manövrieren erforderlichen Strömungskräfte durchaus nicht nur mit Tragflügelsystemen des Lateralsystems, sondern mit Antriebsorganen realisiert werden, was strukturellen kognitiven Kontrollaufwand erfordert und energetisch als Verlust in die Leistungsbilanz eingeht. Durch ein passives, starres Tragflügelsystem im Lateralplan des Halbtauchers ist ein gewisser energetischer Benefit zu erwarten und man kann zeigen, wie „leistungsfähig“ ein auf Tragflügeln basierendes Lenksystem ist.
Nun: unterschiedlichen strömungsmechanisch wirksamen Tragflügeln gelingt die Querkrafterzeugung mehr oder weniger gut, aber passive Phänomene der Strömungskontrolle und der Optimierung der (Leistungs-) Parameter des Lateralsystems schlagen hier gegebenenfalls mit attraktiven Wirkungsgradverbesserungen zu Buche. Manövrieren mit einem Starren, passiven Leit-, Steuer- und Stabilisierungstragflächensystem bedeutet und erfordert in diesem Zusammenhang die kontrollierte Lage- und Positionsänderung des Fahrsystems. Der stationären Betrachtungsweise müssen wir an diesem Ort der Argumentation dynamische Aspekte zur Seite stellen.
Im Seegang erfährt das halbtauchende Fahrsystem eine ganze Reihe unterschiedlicher (Schiffs-) Bewegungen, die mit einer bestimmten (Winkel-) Geschwindigkeit ablaufen und auf das System einwirken, die sich mehr oder weniger schnell ändern und an verschiedenen Orten an und im System mehr oder weniger große Beschleunigungen hervorrufen. Für ein Lebewesen können diese Beschleunigungen ermüdend und erschöpfend wirken oder kognitive und ästhetische Leistungen (Wahrnehmungen) stören oder mindern, vielleicht zur Handlungsunfähigkeit führen. Für die Crew eines Seefahrzeugs ist dies ein Fakt. Im Allgemeinen hängt die Stärke der Beschleunigungen und ihre Frequenz von der (Massen-) Trägheit des Halbtauchersytems ab, vereinfachend gesagt: von seinem Displacement. Folglich werden Fahrsysteme unterschiedlicher Verdrängung im gleichen Seegang und auf gleicher Woge unterschiedliche Beschleunigungen erfahren. Erwartungsgemäß sind „schwere, massige“ Fahrsysteme gegenüber den kognitiven und ästhetischen Wahrnehmungsleistungen freundlicher als leichte. Das gilt zumindest für artifizielle Fahrsysteme (Boote) und deren Besatzungen; vielleicht auch für biologische Halbtaucher. Das Ausmaß der Beschleunigungen ist auch vom Verhältnis der Lateralfläche und des Volumen des (Halbtaucher-) Körpers über- und unterhalb der Wasserfläche abhängig. In der Technik sind leichte und breite moderne Boote mit ihren hoch über der Wasseroberfläche liegenden Aufbauten besonders verletzlich. Ihnen mangelt es an Seefreundlichkeit und Seetüchtigkeit.

Die Norm DIN EN ISO 12217-1/A100 (2017-12-00) legt Verfahren für die Beurteilung von Stabilität und Auftrieb von intakten (d. h. unbeschädigten) Booten fest. Ebenfalls sind darin die Auftriebseigenschaften solcher Boote erfasst, die anfällig gegen Vollschlagen sind. Die Beurteilung der Stabilitäts- und Auftriebseigenschaften nach diesem Teil von ISO 12217 erlaubt es, dem Boot eine Entwurfskategorie (A, B, C, oder D) zuzuordnen, die seiner Auslegung und seiner maximalen Beladung entspricht. Die Norm DIN EN ISO 12217-1/A100 ist grundsätzlich auch auf Boote in einem Bereich von 6 m bis 24 m Rumpflänge, die durch Muskelkraft oder Motor angetrieben werden, anwendbar. ISO 12217 kann auch auf Boote von weniger als 6 m Rumpflänge angewendet werden, wenn diese bei Anwendung von ISO 12217-3 nicht die gewünschte Entwurfskategorie erreichen, jedoch voll gedeckt sind und schnelllenzende Rezesse entsprechend ISO 11812 besitzen. Für artifizielle Halbtaucher, in erster Linie Boote, gibt es vier Seetauglichkeitskategorien, A bis D. Kategorie A enthält die höchsten Anforderungen und muss von Booten erfüllt werden, die auch in schweres Wetter geraten können, die Kategorien C und D sind vorwiegend für küstennahen Verkehr oder für Binnengewässer vorgesehen. Die Kategorien sind durch konkrete Grenzwerte für Windstärke (in Beaufort) und Wellenhöhe (in Metern) festgelegt. Früher wurden die Kategorien nach der Distanz zur Küste mit A für Hochsee, B für außerhalb von Küstengewässern, C für küstennahe Gewässer und D für geschützte Gewässer benannt. Neben dem Rumpf und bei Segelschiffen der Takelage muss auch die übrige Ausrüstung entsprechend hohe Wellen und Windstärken unbeschadet überstehen können. Die Seetauglichkeitseinstufung bezüglich Stabilitätsumfang und Kenterwinkel wird in wesentlichen Teilen anhand theoretischer, am Computer errechneter Werte bestimmt. Die tatsächlichen Werte können bei einem konkreten Boot davon abweichen, insbesondere aufgrund der Beladung oder von Unterschieden zwischen Planung und Ausführung. Die Norm ISO 12217 ermöglicht dem Konstrukteur artifizieller Halbtaucher, einschränkenden Umgebungsbedingungen zu bestimmen, für die ein bestimmtes Boot ausgelegt wurde. Sie dient dazu, ein Boot einer Entwurfskategorie zuzuordnen, die seiner Konstruktion und der maximalen Beladung angemessen ist.

Für unsere Betrachtungen interessant ist nicht nur die Nomenklatur der Zertifizierung artifizieller Halbtaucher. Denn obwohl es sich um die Beschreibung von Technik handelt, mag man sich ein surfendes Lebewesen unter diesen Direktiven (gut) vorstellen. So ist die Flutungshöhe hD die geringste Höhe über der Wasserlinie bis zu einer beliebigen Flutungsöffnung (ein Schnabel, ein Maul), wenn das Boot im maximalen Beladungszustand aufrecht in ruhigem Wasser schwimmt, der Flutungswinkel φD, der Krängungswinkel, bei dem Flutungsöffnungen in ruhigem Wasser, entsprechendem Beladungszustand und im Entwurfstrimm des Boots einzutauchen beginnen. Der Entwurfstrimm sei die Längslage des aufrechten Boots mit Besatzung, Vorräten und Ausrüstung an bestimmungsgemäßer Stelle nach Angabe des Konstrukteurs oder des Bootsbauers, die Rumpflänge LH, die Länge des Rumpfes, die (Konstruktions-) Wasserlinie des beladenen Boots ist die Wasserlinie des aufrecht schwimmenden Boots im maximalen Beladungszustand. Der dynamischer Kenterwinkel φV ist der Krängungswinkel, der dem aufrechten Zustand (außer der direkten aufrechten Schwimmlage) im entsprechenden Beladungszustand am nächsten liegt, bei dem das aufrichtende Moment der Querstabilität null ist; er wird unter der Annahme ermittelt, dass keine außermittige Beladung vorhanden ist und dass alle potentiellen Flutungsöffnungen wasserdicht sind. Die Norm ISO 12217 ist in der Konstruktionspraxis relevant und für die Zertifizierung rezenter Seefahrzeuge bindend für jeden Yachtdesigner.

Die International School of Yachtdesign, ISYD[7] ist renommiertes Institut für Yachtkonstruktion mit dem Sitz im schwedischen Särö und ihr Direktor, Prof. Lars Larsson[8] ein sehr angenehmer Hochschullehrer und erfolgreicher Yachtkonstrukteur. Die ISYD bietet ein Aufbaustudium in „Principles of Yacht Design" an; die Kurse sind von der Royal Institution of Naval Architects (RINA) (www.rina.org.uk) akkreditiert.

Studienbegleitend ist das gleichnamige Buch[9] von Lars Larsson & Rolf E. Eliasson and Michal Orych, das in fünf Sprachen übersetzt erscheint, eine international anerkannte und in seiner Gründlichkeit hochperformante Grundlage auf dem Weg zum zukunftskompetenten Yachtdesigner. Lars Larsson ist im hohen Masse kompetent und ein wirklich netter Bursche und, nur deshalb erwähne ich dies an dieser Stelle überhaupt, Lars Larsson und die ISYD stehen für die rezent herrschenden Konstruktionsparadigmen im Yacht Design, in Deutschland getragen von den ISYD-Dozenten Klaus Röder und Karsten Hochkirch[10]. Dennoch und bei aller Freundschaft: Die Arbeitsergebnisse moderner Gestaltungsparadigmen sind nichts für „bekennende Binnen-Weicheier" möchte man meinen. Ich habe mir – um mit wenigen Worten darzustellen, was ich damit meine – erlaubt, die obige Szene eines wahrscheinlich ganz normalen schwedischen Sonntag-Nachmittag-Segelturns aus der für die International School of Yachtdesign werbende Internetseite, zu scannen. Wir sehen die „YD40", eine in den Studienunterlagen Lars Larssons exemplarisch in allen Fragen des modernen Yachtdesigns inklusive der Seetüchtigkeitsauslegung nach ISO 12217 durchdeklinierte, von Larsson gezeichnete Fahrtenyacht. Und ich bekomme Angst.

Für die vergleichende Untersuchung der Lateralpläne von Halbtauchersystemen und der passiven Komponente ihres Einflusses auf Seetüchtigkeit habe ich eine kleine Schar, wie ich anfangs dachte, typischer Lateralplangeometrien zusammengestellt. Auswahl und Interpretation müssen als subjektiv angesehen werden.

---

[7] nternational School of Yacht Design – ISYD AB, Särö Hällsåsväg 2, SE-42941 Särö, Sweden, lars.larsson@isyd.org, URL: www.isyd.org

[8] Lars Larsson, a Professor of Hydrodynamics at Chalmers University of Technology in Gothenburg, Sweden, since 1982. He is a member of the Royal Academy of Engineering Sciences (IVA) in Sweden, the Society of Naval Architects and Marine Engineers (SNAME) in the USA, Schiffbautechnische Gesellschaft (STG) in Germany, Japan Society of Naval Architects and Ocean Engineers (JASNAOE) in Japan and the Yacht Designers Association (SYR) in Sweden.

[9] Lars Larsson & Rolf E. Eliasson and Michal Orych (2009), Principles of Yacht Design, American edition: International Marine, Camden, ME 04843, USA (2000, 2007, 2014). he book has established itself as the standard book on the subject for practicing designers, naval architecture students, discerning boat owners and the boatbuilding industry as a whole.

[10] Karsten Hochkirch, Dr.-Ing., Vice President, Futureship GMBH, DNV-GL, Lecturer in areo- and hydrodynamics at the Technical University of Berlin. Experienced sailor and sailing instructor, (Germany). & Klaus Röder, Dipl.-Ing, Owner of Carpe Diem Yacht Design. Yacht Design education in Southampton. Experienced sailor (Germany).

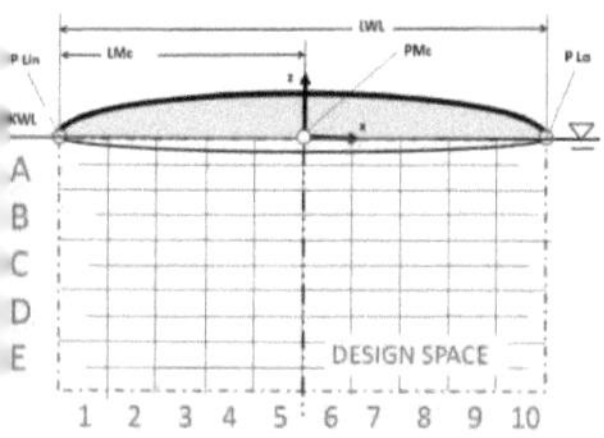

teralplanloser GrundkörperTyp: 000.000.BAS

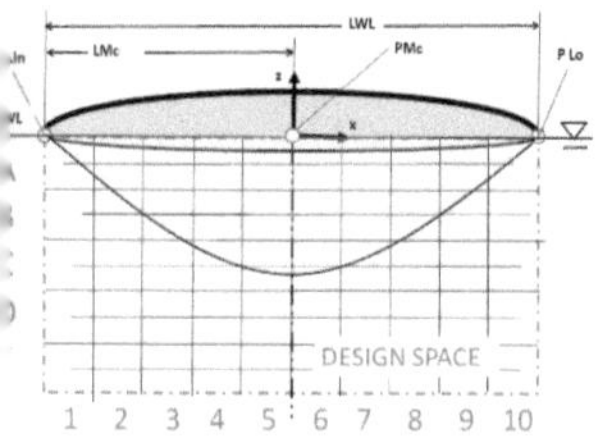

ptrumpf der polynesischen Segelproa: 000.001.PROA

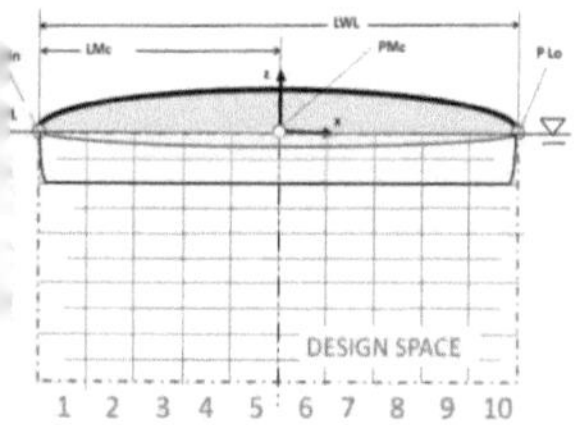

ralisierter Halbtaucher: 001.001.GEHA

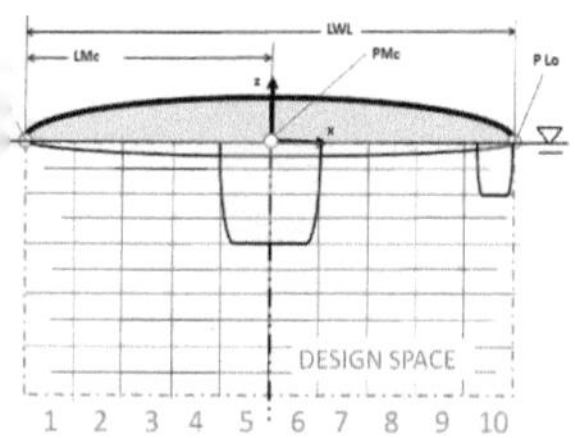

Yacht: 001.000.FAHR

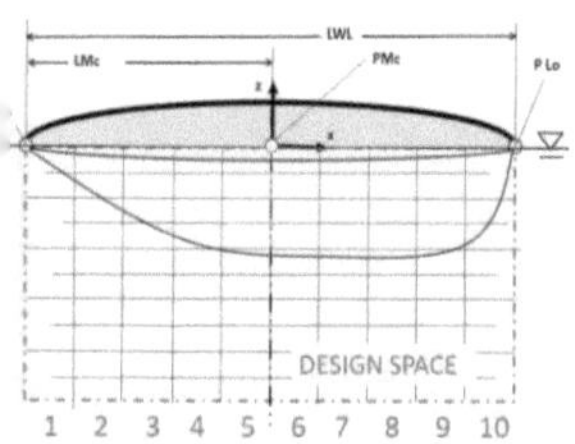

Yacht: 001.000.LANG

Neben dem lateralplanlosen Grundkörper stehen ein fiktiver generalisierter Halbtaucher, eine Fahrtenyacht, zwei Lateralpläne typischer „Sportgeräte“ und die „Unterwasserschiffe“ zweier biologischer Halbtaucher, den Lateralplänen von Kolbenwasserkäfern unterschiedlicher phänotypischer Expression.

Die Lateralpläne sind, wie oben beschrieben, auf eine in zehn Längeneinheiten diskretisierte Konstruktionswasserlinie LWL generalisiert. Das ist natürlich eine recht grobe Betrachtung, daran besteht kein Zweifel. Da ich aber in erster Linie die zur Anwendung kommende Methode beschreiben will, möchte ich um Nachsicht für die (diskretisierungsbedingte) Unschärfe der Arbeitsergebnisse des Verfahrens bitten.

Der lateralplanlose Grundkörper **BAS** ist nichts anders als das, was sein Titel verspricht: ein Ausgangspunkt in der Beschreibung diverser Lateralflächentypen. Neben einem Feld aus (definiert) quadratischen finiten Teilflächen des Lateralplans, findet hier der Begriff DESIGN SPACE Einzug in die systematischen Darstellungen. Der Design Space ist der Gestaltungsraum für den Entwurf unterschiedlicher Lateralflächen.

Der generalisierte Halbtaucher **GEHA** steht für ein Fahrsystem mit einem ausgeprägtem zentralen Rail, wie wir diesen Lateralplan heute vielleicht benennen würden. Tatsächlich lieferten bis ins späte 19te Jahrhundert hinein Schiffe mit dieserart ausgeprägtem Kiel - die Mehrzahl aller seegängigen Konstruktionen - respektable Seetüchtigkeit.
Auch das Modell **PROA** werden wir nicht untersuchen, weil es lediglich den Lateralplan „des Hauptrumpfes“ (überlieferter) asymmetrischer polynesischer Segelkanus darstellt. Ihre unbestrittene Seetüchtigkeit werden wir an anderer Stelle kritisch würdigen. Proas werden übrigens vorwärts wie rückwärts gefahren.

Das Lateralsystem **FAHR** soll das Modell einer Fahrtenyacht darstellen. Im Vergleich zu der erfolgreichen Fahrtenyacht YD40 besitzt das Modell FAHR einen eher „großzügigen“ Lateralplan.

LANG stellt das Modell eines typischen Langkielers dar, vielleicht das eines nordischen Folkeboots oder eines IF-Bootes. Mir persönlich sind leider keine rezenten Langkielkonstruktionen bekannt. Wohl jeder in der Szene aber weiß,

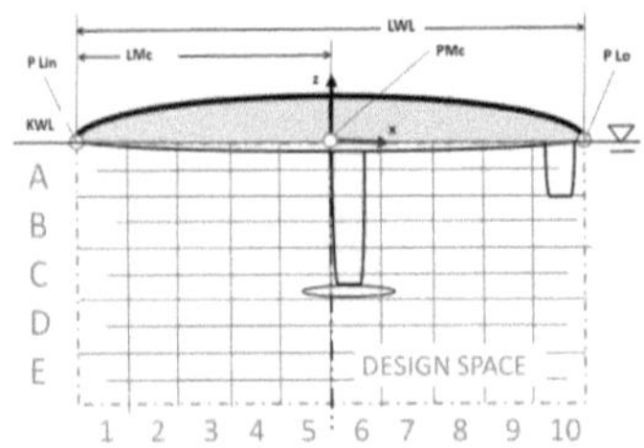

RennYacht : 001.000.RENN

wie gesucht gut erhaltene, gebrauchte Langkieler sind. Werden mancherorts Wetten abgeschlossen, wie lange wohl das sonst als vorauseilend aggressiv bekannte Marketing im Yachtbereich noch schläft, rühmen die Pessimisten unter uns natürlich die Ursache für das Langkielersterben zu kennen. Ein Langkieler ist nicht nur lang, sondern auch lang-sam und sehr schwer im Vergleich zu einem Kurzkieler ähnlicher KWL (mit ähnlichem Innenraumangebot). Im Regattasport spricht der Vergleich der Yardstick-Zahl eines Folkeboots (IF-Boot[11]: Y=112 mit Spi) zu einem H-Boot[12] (Y=106 mit Spi) deutliche Sprache.

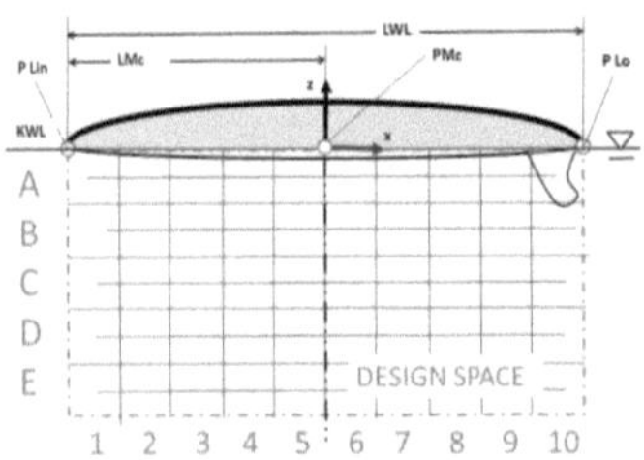

Surfboard : 001.000.SURF

Apropos Rennziegen. **RENN** stellt das Modell einer modernen Renn-yacht dar. Glücklicherweise wird der nächste America's Cup wieder mit Schiffen ausgetragen, dem Team NZL sei an dieser Stelle gedankt. Den Lateralplan der AC36 kennen wir noch nicht, aber er wird wesentlich extremer ausfallen als das Modell RENN. Und: die Monohull-Yachten werden „foilen". Hier also ein kleiner, untertriebener Vorgeschmack auf die Zukunft.

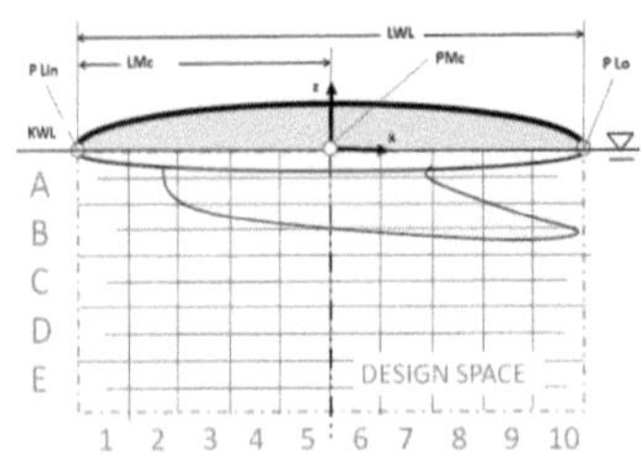

KolbenwasserKäfer: 001.001.KAEF

Schneller als der nächste America's Cup und damit die AC36 kommt die Olympiade in Tokio. „Dass professionelles Surfen eine olympische Disziplin wird, ist eigentlich die größte Ehre, die einer Wettkampfsportart zuteilwerden kann", sagt Connor Coffin (USA), Pro-Surfer im August 2016. Dem ist natürlich nichts hinzuzufügen. Wer für Deutschland zur Olympiade fährt und was die wunderbare Janni Hönscheid[13] zu diesem Thema sagen würde, ist uns nicht bekannt. Unter den Lateralplänen stellt **SURF** das Minimalkonzept dar.

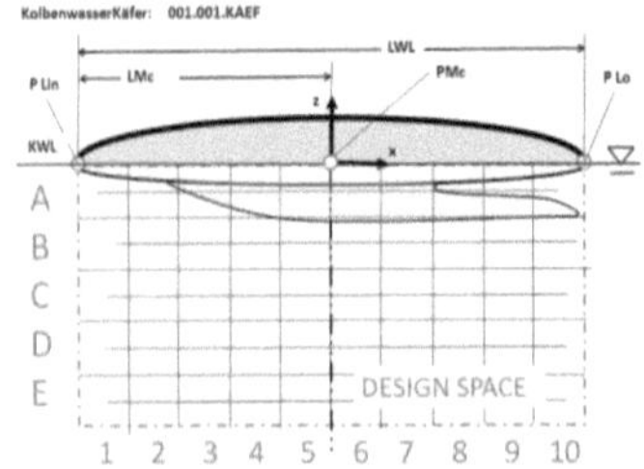

KolbenwasserKäfer : 002.001.KAEF

Die beiden Wasserkäfer **KAEF**, die jeweiligen Lateralplanmodelle und die erwartete passive Resilienz ihrer Unterwasserschiffe waren der originäre Anlass dieser Untersuchung. Die zu entwickelnde Methode sollte auch für sehr kleine Wasserlinienlängen gültig und für unterschiedliche Reynoldszahlen anwendbar sein. Wir werden sehen, ob die Modelle KAEF ihrem Initiatoren-Bonus gerecht werden. Zum Zeitpunkt lagen noch keine gesicherten Geometriedaten für Lateralpläne der zu untersuchenden Wasserkäfer vor.

[11] Konstrukteur: Tord Sundén, 1967, KWL: 6.04 m. http://www.if-boot.de/ internationale One-Design Klasse.

[12] Konstrukteur: Hans Groop, 1967; H-Boot: KWL: 6.30 m, https://h-boot.org/das-h-boot internationale One-Design Klasse.

[13] Janni Hönscheid ist die wohl bekannteste deutsche Surferin. Sie wurde 2013 Deutsche Meisterin im Wellenreiten sowohl auf dem Short- als auch auf dem Longboard. Aber auch der deutsche Nachwuchs (2018), Rosina Neuerer, Lilly von Treuenfels und Tim Elter sind international bereits stark vertreten und nehmen erfolgreich an Wettbewerben teil. Die endgültige Entscheidung, ob und wer für Deutschland bei Olympia an den Start geht, liegt in den Händen der European Surfing Federation (ESF) und der International Surfing Association (ISA).

SWAY –Stabilität

Die SWAY- Resistenz R_{SWAY} ist das Widerstandsvermögen des Halbtauchers gegen eine translatorische Verschiebung (SWAY) entlang der Y-Achse. Die SWAY-Bewegung ist das DRIFTEN des Seefahrzeugs. Der Konstruktionsmittelpunkt PMc liege im Ursprung des XYZ-Koordinatensystems ; somit ist PMc Element der Y-Achse. Die translatorische SWAY-Bewegung des Seefahrzeugs sei ihre Verschiebung parallel der Y-Achse. Die beaufschlagende Flächenlast p(x,z) sei homogen und konstant und alle relevanten finiten Flächenelemente des Lateralplans sollen a priori gleich beaufschlagt sein. Über die Relevanz der Tragflächenelemente entscheidet der Lateralplan des Seefahrzeugs.

Satz: Für große Lateralpläne ist die SWAY-Stabilität groß.

SWAY-Resistenz: $R_{SWAY} \sim \Sigma^{i,k} \; (\kappa_{i,k} \cdot A_{i,k})$

Unter Beaufschlagungslast leisten alle finiten Lateralflächenteile unabhängig von ihrem Ort im Lateralplan des Halbtauchers den gleichen Beitrag um das Seefahrzeug gegen das Driften zu stabilisieren. Die Matrix der Koeffizienten der Einflussgrößen der SWAY-Resistenz ist homogen.

Einflussfaktoren für stationäre SWAY -Stabilität										
XZ-Ebene, entlang der Y-Achse, Konstruktionsmittelpunkt										
A	c_F	c_F	c_F	c_F	c_F	c_F	c_F	c_F	c_F	c_F
B	c_F	c_F	c_F	c_F	c_F	c_F	c_F	c_F	c_F	c_F
C	c_F	c_F	c_F	c_F	c_F	c_F	c_F	c_F	c_F	c_F
D	c_F	c_F	c_F	c_F	c_F	c_F	c_F	c_F	c_F	c_F
E	c_F	c_F	c_F	c_F	c_F	c_F	c_F	c_F	c_F	c_F
	1	2	3	4	5	6	7	8	9	10

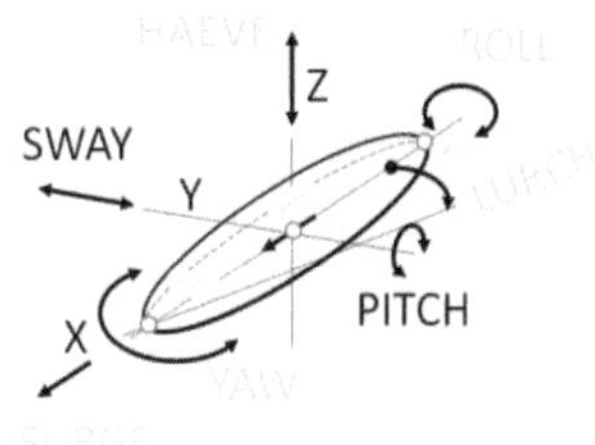

Tabelle 1.: Einflussfaktoren der stationären SWAY-Resistenz. An das Halbtauchersystem angreifende Kräfte in Y-Richtung führen zu einem DRIFTEN entlang der y-Achse (rechts im Bild).

SURGE –Stabilität

Die SURGE- Resistenz R_{SZRGE} ist das Widerstandsvermögen des Halbtauchers gegen eine translatorische Verschiebung (SURGE) entlang der X-Achse. Die SURGE-Bewegung ist das „Surfen des Seefahrzeugs" und damit äußerst erwünscht. Dennoch setzt Art und Gestaltung des Unterwasserschiffs der Surfbewegung des Halbtaucher(surf-)systems einen Widerstand entgegen. Dieser Friktionswiderstand wird meistens als unangenehm und störend empfunden. Es gibt aber durchaus Manöver, die Informationen über Größe und Art des Widerstandsgebaren in SURGE-Richtung des Unterwasserschiffes erfordern. In erster Näherung sei jedem finiten Lateralflächenelement $A_{i,k}$ des benetzten Unterwasserschiffs ein konstanter Friktionskoeffizient c_F zugeordnet. Grundsätzlich leistet jeder „Anhang“ im bereich des Unterwasserschiffes eines Seefahrzeugs in Fahrt transversale und rotatorische Beiträge zu einem komplexen Querkraft-Widerstandsgebaren des Fahrsystems. Die Anteile über eine fluidmechanische Beschreibung in sechs Freiheitsgraden (drei translatorische Freiheitsgrade „entlang“ der Achsen X, Y und Z und drei rotatorische Freiheitsgrade „um“ die Achsen X,Y und Z) ist reichlich kompliziert und die Grenzen der graduellen Analyse fließend. Am Beispiel der Finne eines Ruderblattes und damit Element des Lateralplans isolieren wir exemplrisch die Querkraft- und die Friktionskomponenten:

<u>KOMPONENTEN</u>			
Auftrieb, Querkraft, Lift (radial, Finne)	L	[N]	$L = c_a \cdot A_a \cdot v^2 \cdot \rho/2$
Formwiderstand (axial, Finne)	R_F	[N]	$R_F = c_w \cdot A_p \cdot v^2 \cdot \rho/2$
Reibungswiderstand (axial, Finne)	R_R	[N]	$R_R = c_r \cdot A_b \cdot v^2 \cdot \rho/2$
induzierter Widerstand (axial, Finne)	R_I	[N]	$R_I = c_I \cdot A_a \cdot v^2 \cdot \rho/2$
<u>KOEFFIZIENTEN</u>			
Querkraftbeiwert (messen, rechnen)	c_L	[-]	
Widerstandsbeiwert (glatt, laminar)	c_r	[-]	$c_r = 1{,}327 \cdot (Re)^{-1/2}$
Widerstandsbeiwert (glatt, turbulent)	c_r	[-]	$c_r = 0{,}074 \cdot (Re)^{-1/5}$
Beiwert des induzierten Widerstands[14]	c_I	[-]	$c_I = \lambda\, c_L^{\,2} / \pi$

Der Konstruktionsmittelpunkt PMc liege im Ursprung des XYZ-Koordinatensystems; somit ist PMc Element der X-Achse. Die translatorische SURGE-Bewegung des Seefahrzeugs sei ihre Verschiebung parallel der X-Achse. Die beaufschlagende Flächenlast q(x,z) sei homogen und konstant und alle relevanten finiten Flächenelemente des Lateralplans sollen a priori gleich beaufschlagt sein. Über die Relevanz der Tragflächenelemente entscheidet der Lateralplan des Seefahrzeugs.

SURGE-Resistenz: $R_{SURGE} \sim \Sigma^{i,k}\ (A_{i,k}\ c_{FRIC})$ bzw. $R_{SURGE} \sim \Sigma^{i,k}\ (c_{FRIC})$

Satz: Für große Lateralpläne ist die SURGE-Stabilität groß.

Einflussfaktoren für stationäre SURGE-Stabilität										
XZ-Ebene, entlang der x-Achse (Konstruktionsmittelpunkt)										
A	c_F	c_F	c_F	c_F	c_F	c_F	c_F	c_F	c_F	c_F
B	c_F	c_F	c_F	c_F	c_F	c_F	c_F	c_F	c_F	c_F
C	c_F	c_F	c_F	c_F	c_F	c_F	c_F	c_F	c_F	c_F
D	c_F	c_F	c_F	c_F	c_F	c_F	c_F	c_F	c_F	c_F
E	c_F	c_F	c_F	c_F	c_F	c_F	c_F	c_F	c_F	c_F
	1	2	3	4	5	6	7	8	9	10

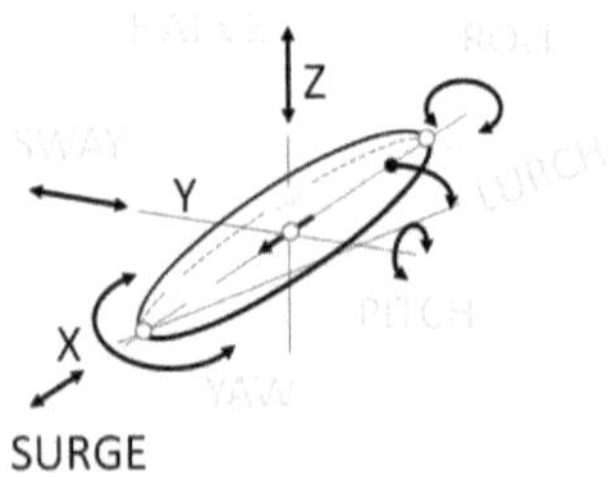

Tabelle 2.: Einflussfaktoren der stationären SURGE-Resistenz. An das Halbtauchersystem angreifende Kräfte in X-Richtung führen zu einem SURFEN entlang der x-Achse (rechts).

[14] gemäß elliptischer Auftriebsverteilung nach Prandtl

HEAVE-Stabilität und YAW-Resistenz

Stabilität gegen das Gieren um die Z-Achse. Die YAW- Resistenz R_{YAW} ist das Widerstandsvermögen gegen Rotation um die Z-Achse des Halbtauchersystems. Behandeln wir aber zunächst den linearen Fall. Die HEAVE-Resistenz ist das Widerstandsvermögen gegenüber einer translatorischen Hub- und Tauchbewegung entlang der Z-Achse. Mit der hier behandelten (Reibungs-) Komponente der HAEVE-Resistenz werden wenig oder keine mit der vom Bootskörper verdrängten Wassermasse in Verbindung stehenden Effekte abgebildet, sondern lediglich Friktionsphänomene. Die Einflussfaktoren der HAEVE-Resistenz sind konstant $\kappa_{i,k}=1$.

HEAVE-Resistenz: $R_{HEAVE} \sim \Sigma^{i,k} \; (\kappa_{i,k} \cdot A_{i,k} \; c_{FRIC})$

Die HAEVE-Bewegung ist das Tauchen und Heben des Seefahrzeugs und damit ein in erster Linie von der verdrängten Wassermasse getragener Effekt, den wir hier zunächst nicht betrachten. Die Friktion des Lateralplans gegenüber einer HEAVE-Bewegung ist von der praktischen Seite der Gestaltungsfragen zu einem Halbtaucher nahezu ohne Belang.

Einflussfaktoren für stationäre HEAVE Stabilität										
XZ-Ebene, entlang der x-Achse (Konstruktionsmittelpunkt)										
A	c_F	c_F	c_F	c_F	c_F	c_F	c_F	c_F	c_F	c_F
B	c_F	c_F	c_F	c_F	c_F	c_F	c_F	c_F	c_F	c_F
C	c_F	c_F	c_F	c_F	c_F	c_F	c_F	c_F	c_F	c_F
D	c_F	c_F	c_F	c_F	c_F	c_F	c_F	c_F	c_F	c_F
E	c_F	c_F	c_F	c_F	c_F	c_F	c_F	c_F	c_F	c_F
	1	2	3	4	5	6	7	8	9	10

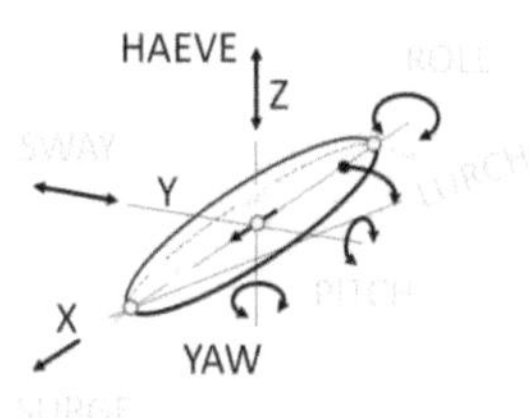

Tabelle 3.: Einflussfaktoren der stationären HAEVE-Resistenz. An das Halbtauchersystem angreifende Kräfte in Z-Richtung führen zu Heben und Tauchen entlang der z-Achse (rechts im Bild).

PITCH-Resistenz

Betrachten wir das Nicken eines Halbtauchers in Fahrt. Wieder besitzt das modellierte Fahrsystem einen idealisierten Kraftmittelpunkt, an dem die drei Achsen unseres körperfesten Lagrange-Koordinatensystems einen gemeinsamen Schnittpunkt haben. Und ebenso wie in den obigen Ausführungen betrachten wir die Wirkung von Massenkräften des Gesamtsystems nicht, sondern lediglich den Einfluss der Art, Größe und Flächenverteilung des Lateralplans. Der physikalische Impact steht nicht senkrecht auf dem Lateralplan sondern orthogonal.

Der Konstruktionsmittelpunkt PMc liege im Ursprung des XYZ-Koordinatensystems; somit ist PMc Element der Y-Achse. Die rotatorische PITCH-Bewegung des Seefahrzeugs sei ihre Drehung um die Y-Achse. Die beaufschlagende Flächenlast q(x,z) sei homogen und konstant und alle relevanten finiten Flächenelemente des Lateralplans sollen a priori gleich beaufschlagt sein. Über die Relevanz der Tragflächenelemente entscheidet der Lateralplan des Seefahrzeugs.

PITCH-Resistenz: $R_{PITCH} \sim \Sigma^{i,k} \; (A_{i,k} \; c_{FRIC})$ bzw. $R_{PITCH} \sim \Sigma^{i,k} \; (c_{FRIC})$

Satz: Für große Lateralpläne ist die PITCH-Stabilität groß.

Einflussfaktoren für stationäre PITCH Stabilität										
Rotation um die Y-Achse u. den Konstruktionsmittelpunkt										
A	c_F	c_F	c_F	c_F	c_F	c_F	c_F	c_F	c_F	c_F
B	c_F	c_F	c_F	c_F	c_F	c_F	c_F	c_F	c_F	c_F
C	c_F	c_F	c_F	c_F	c_F	c_F	c_F	c_F	c_F	c_F
D	c_F	c_F	c_F	c_F	c_F	c_F	c_F	c_F	c_F	c_F
E	c_F	c_F	c_F	c_F	c_F	c_F	c_F	c_F	c_F	c_F
	1	2	3	4	5	6	7	8	9	10

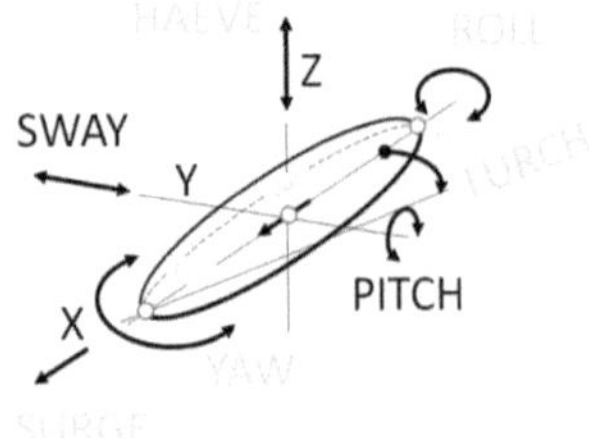

Tabelle 4.: Einflussfaktoren der stationären PITCH-Resistenz. An das Halbtauchersystem angreifende Kräfte führen zu einer Drehung um die Y-Achse (rechts im Bild).

Fassen wir nun die hinsichtlich der Lateralfläche ausgesuchter Halbtauchersysteme linearen Phänomene zusammen. Unter Beaufschlagungslast leisten alle finiten Lateralflächenteile $A_{i,k}$ unabhängig von ihrem Ort $P_{i,k}$ im Lateralplan des Halbtauchers den gleichen Beitrag um das Seefahrzeug gegen das Surfen, das Driften, Heben und Tauchen zu stabilisieren. Die Matritzen der Koeffizienten der Einflussgrößen ist homogen. Vergleichen wir nun die eingangs vorangestellten Lateralflächentypen. Die Koeffizientenmatrix der SWAY-Resistenz, der SURGE-, der HAEVE- und der PITCH-Resistenz:

				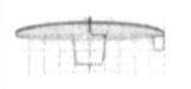	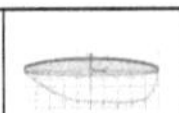	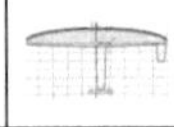		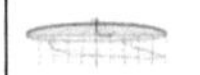		
			GENERAL-SFZ	FAHRTEN YACHT	LANGKIEL YACHT	RENN YACHT	SURF BOARD	KÄFER Typ I	KÄFER Typ II	
S	SWAY	L	10	5	17	4	1	8	6	c_F
S	SURGE	L	10	5	17	4	1	8	6	c_F
S	HAEVE	L	10	5	17	4	1	8	6	c_F
S	PITCH	L	10	5	17	4	1	8	6	cF
	Reale LWL	m	10	10	10	15	2	0.05	0.05	
	General LWL	L	10	10	10	10	10	10	10	
	Gen. $A_{BENETZT}$	L^2	10	5	17	4	1	8	6	

Die Einflussfaktoren korrelieren linear mit der über den Lateralplan ausgedrückten Komponente der benetzten Fläche des Halbtauchersystems. Im Falle der generalisierten und auf die Länge der Konstruktionswasserlinie bezogene finiten Teilflächen erhalten wir mit dem Modul der Modell-Diskretisierung (mD=LWL/mn) die Flächenanteile des Lateralplans: $\Delta A_{ik}=(mD)^2$. Die Matritzen der Einflussfaktoren der SWAY-, SURGE- und HEAVE-Resistenz sind trivial.

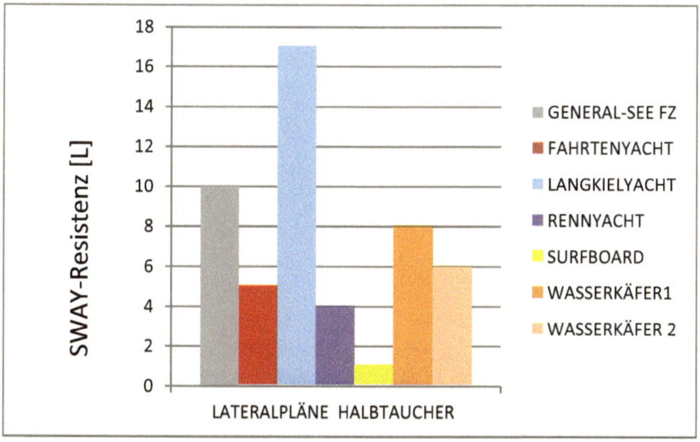

Stellvertretend für die Resistenzen gegen SURGE, HEAVE und PITCH betrachten wir die stationäre SWAY-Resitent in einer vergleichenden Graphik. Weit vor dem (fiktiven) generellen Seefahrzeugmodell liefert die Lateralfläche der Langkielyacht die größten Beträge zur SWAY-Resistenz, das Surfboard die kleinsten Beiträge. Den Erwartungen gemäß.
Eine Vereinfachungen habe ich (stillschweigend) vorausgesetzt: Der Konstruktionsmittelpunkt PMc liege im Ursprung des XYZ-Koordinatensystems; somit ist PMc Element der X-Achse. Die translatorische SURGE-Bewegung des Seefahrzeugs sei ihre Verschiebung parallel der X-Achse. Die beaufschlagende Flächenlast q(x,z) sei homogen und konstant und alle relevanten finiten Flächenelemente des Lateralplans sollen a priori gleich beaufschlagt sein. Über die Relevanz der Tragflächenelemente entscheidet der Lateralplan des Seefahrzeugs. Die in Matritzen geordneten Einflussfaktoren unserer Modell-Lateralpläne bleiben also für einen ersten Hub unserer Betrachtungen konstant, die daraus für ein Halbtauchertransportsystem herleitbaren Erkenntnisse eher beschränkt.
Ganz anders die Resistenz gegen das das Rollen oder Rotationsschlingern, die Rotation um die X-Achse, das Stampfen und Nicken entsprechend einer Rotation um die Y-Achse und das das Gieren, die Rotation um die Z-Achse.

YAW-Resistenz

Beginnen wir mit dem Gieren. Der betrachte Halbtauchers in Fahrt besitzt einen idealisierten Kraftmittelpunkt, an dem die drei Achsen unseres körperfesten Lagrange-Koordinatensystems einen gemeinsamen Schnittpunkt haben. Wieder betrachten wir keine Wirkung von Massenkräften des Gesamtsystems sondern lediglich den Einfluss des Lateralplans, also geometrische Konstruktions- und Gestaltungsparameter.

Das (idealisierte) Gieren des Halbtauchers entspricht einer Rotation um die Z-Achse. Die Resistenz gegen das Gieren soll über das axiale Flächenträgheitsmoment 2. Ordnung des Lateralplans getragen werden. Der Lateralplan seinerseits sei in finiten, das heißt absehbar durch mehr oder weniger kleine Rechtecke beschreibbare Flächenteilchen gegeben. Jedes einzelne kleine Flächenelement besitzt nun also ein (eigenes) Flächenträgheitsmoment und einen zweiten Summanden, den so genannten Steiner-Anteil, der dem Umstand, dass die Flächenträgheit mit einem gewissen Abstand der Teilfläche zur Rotationsachse wirksam wird. Die Definition des Steiner-Anteils ist bekanntermaßen das Produkt eben diese kleinen Teilfläche mit dem Quadrat des Wirkabstands von der Rotationsebene. Diese Definition verrät auch das Zustandekommen der vieleraugs als unhandlich betrachteten Dimension eines Flächenträgheitsmomentes 2. Ordnung, I $[m^4]$. Für einen Rechteckquerschnitt in der für das Gieren relevanten (x-y) Ebene $\Delta A = \Delta x \Delta y$ entnehmen wir dem Tabellenwerk der klassischen Mechanik ein Flächenträgheitsmoment 2. Ordnung um die vertikale (z-z) Achse $I = \Delta x \cdot \Delta y^3/12$ $[m^4]$. Es soll an dieser Stelle daran erinnert sein, dass der allgemeine und wahrscheinlich am häufigsten auftretende Fall einer solchen Betrachtung eben mitnichten von einer quadratischen finiten Teilfläche ausgehen kann! aus dem einfachen Grund, weil sich Lateralpläne, die selbst eine gewisse Schlankheit aufweisen, nur in ausgesuchten Fällen in Quadraten diskretisieren lassen. Das hier dargestellte Modell stellt eine (eher seltene) Ausnahme dar. Es sei also die finite Teilfläche ein rechtwinkliges Viereck mit der Seitenlänge $s = \Delta x = \Delta y$. Das Flächenträgheitsmoment 2. Ordnung (um die z-Rotationachse DZ) für eine derartige Fläche ΔA_{CUB} ergibt sich somit zu $I_{ZCUB} = s^4/12$. Die quadratische Teilfläche vereinfacht das „lokale" Flächenträgheitsmoment zu $I_{ZCUB} = \Delta A_{ik}^2/12$. Dieses additive „lokale" Flächenträgheitsmoment 2. Ordnung der finiten Teilfläche wird somit zu jeder einzeln Berechnung der Trägheitsmomente jeder einzelnen Teilfläche ΔA_{ik} des Lateralplans fällig[15]. Das lokale Trägheitsmoment ist dann: $I_{zCUB} + a_{ik}^2 \cdot \Delta A_{ik} = \Delta A_{ik}^2/12 + a_{ik}^2 \cdot \Delta A_{ik}$
Für finite (Einheits-) Teilflächen (rechtwinkligen Vierecke mit der Seitenlänge $s = \Delta x = \Delta y$) im Lateralplan des Halbtaucherschwimmsystems folgt:
das lokale Flächenträgheitsmoment 2. Ordnung $I_{zik} = 1/12 + a_{ik}^2$

Hieraus ergeben sich die Einflussfaktoren für die stationäre YAW-Stabilität in sinnfälliger Weise[16]:

Einflussfaktoren für stationäre YAW-Stabilität										
Z-Achse durch den Konstruktionsmittelpunkt										
A	16	9	4	1	0	1	4	9	16	25
B	16	9	4	1	0	1	4	9	16	25
C	16	9	4	1	0	1	4	9	16	25
D	16	9	4	1	0	1	4	9	16	25
E	16	9	4	1	0	1	4	9	16	25
	1	2	3	4	5	6	7	8	9	10
					DZ					

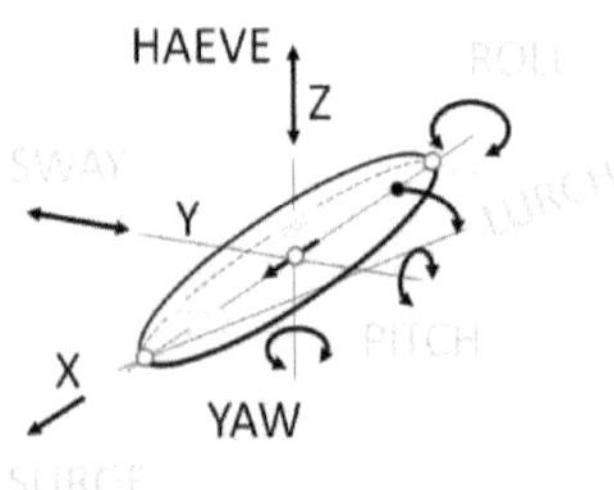

Tabelle 5.: Einflussfaktoren der stationären YAW-Resistenz. An das Halbtauchersystem angreifende Kräfte führen zu einer Gierbewegung um die z-Achse (rechts im Bild).

15 Verzichten wir an dieser Stelle mal bewusst auf das Ausklammern des Flächenterms aus der Summe.
16 Einflussfaktoren für die stationäre YAW-Stabilität gerundet. Mantisse der Faktoren: (0.083 = 1/12)

ROLL-Stabilität eines Halbtauchers

Das Bewegungsgebaren (Rollverhalten) von Schiffen mit einer hohen Resistenz gegen das Rollen um die X-Achse nennt man STEIF, das von Schiffen mit einer geringen Resistenz gegen das Rollen bezeichnet man als WEICH und ein Schiff mit nur noch sehr geringe Resistenz gegen das Rollen nennt man RANK. In der Literatur wird von dem mehr oder weniger „großen aufrichtenden Hebelarm" einer Yacht gesprochen. Dem ist eigentlich nichts hinzuzufügen.

Eigentlich. Denn die hier angeführten Resistenz Modelle verwenden keinen „Hebelarm" sondern einen Wirkabstand der finiten (Einheits-) Flächenelemente eines diskretisierten Lateralplans. Desweitern betrachten wir in dieser Studie keinerlei Massenwirkungen, die einen (gravitativen) Hebelarm suggerieren, sondern allein geometrische Konstruktions- und Gestaltungsparameter, also die „Art und Gestalt des Lateralplans".
Resistenz gegen das Rollen in Fahrt (ROLL-Stabilität) ist eine absolut erwünschte Eigenschaft eines Halbtauchers. In Verbindung mit fehlender Richtungsstabilität (LURCHING-Resistenz), tritt insbesondere bei einem Kraftangriffspunk deutlich oberhalb der ROLL-Achse das so genannte „Geigen" des Seefahrzeugs auf. Geigen mit der Gefahr, dass das Fahrsystem an Manövrierfähigkeit einbüßt und wörtlich „aus dem Ruder" läuft. Die LURCHING-Resistenz kommt ins Spiel, wenn das Halbtauchersystem geschleppt wird, also der Kraftangriffspunkt nahe der Bugspitze des Schiffes liegt. Ein durchaus extremes Szenario. Doch immer dann, wenn der Kraftangriffspunkt aus dem Konstruktionsmittelpunkt wandert (was oft geschieht), sind derartige, von unseren Modellannahmen verschiedene Resistenzen gegenüber der von einem physikalischen Impact getragenen Schiffsbewegung relevant.
Für das lokale Flächenträgheitsmoment 2. Ordnung um die x-Achse an einer beliebigen Stelle (i,k) des Lateralplans des Halbtauchers, also: $I_{xik}=1/12 + a_{ik}^2$ finden wir (gegenüber der Roll-Achse, der lagrange'schen x-Achse) konzentrisch konstante Einflusskoeffizienten.

Einflussfaktoren für stationäre ROLL-Stabilität										
X-Achse durch den Konstruktionsmittelpunkt										
A	1	1	1	1	1	1	1	1	1	1
B	4	4	4	4	4	4	4	4	4	4
C	9	9	9	9	9	9	9	9	9	9
D	16	16	16	16	16	16	16	16	16	16
E	25	25	25	25	25	25	25	25	25	25
	1	2	3	4	5	6	7	8	9	10

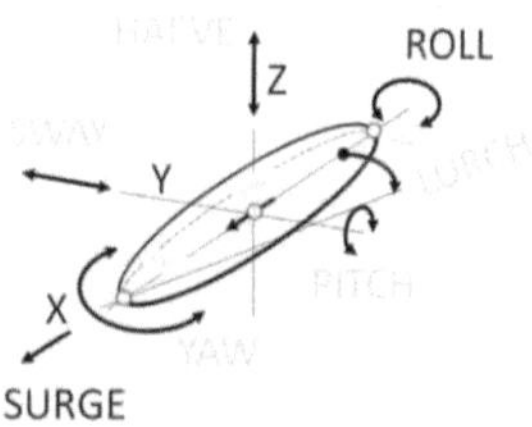

Tabelle 6.: Einflussfaktoren der stationären ROLL-Resistenz. angreifende Kräfte führen zu einer Rollbewegung um die x-Achse (rechts im Bild).

Die in diesem Zusammenhang (ROLL) auftretende lineare Komponente des Prozesses ist die LURCHING-Instabilität. Für die lokalen Flächenelemente im Lateralplan und entlang der x-Achse an einer beliebigen Stelle (i,k) des Lateralplans des Halbtauchers, finden wir (gegenüber der LURCHING-Achse, dem lagrange'schen Bugpunkt P_{Bik}) konzentrisch konstante Einflusskoeffizienten.

Einflussfaktoren für stationäre LURCH -Stabilität										
Rotarion um den Bugpunkt										
A	1	2	3	4	5	6	7	8	9	10
B	1	2	3	4	5	6	7	8	9	10
C	1	2	3	4	5	6	7	8	9	10
D	1	2	3	4	5	6	7	8	9	10
E	1	2	3	4	5	6	7	8	9	10
	1	2	3	4	5	6	7	8	9	10

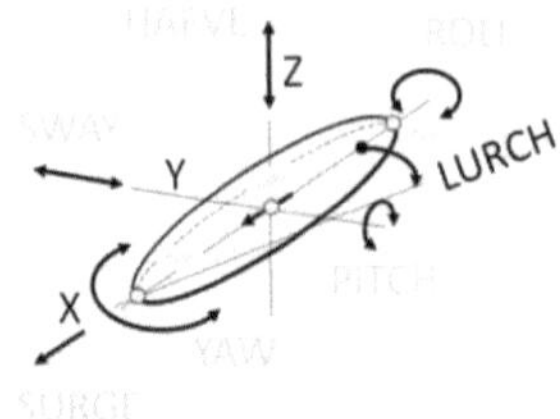

Tabelle 7.: Einflussfaktoren der stationären LURCHING-Resistenz. An das Halbtauchersystem angreifende Kräfte führen zu einer Taumelbewegung entlang der x-Achse (rechts im Bild) und um den lagrange'schen Bugpunkt P_{Bik} des Halbtauchermodells.
Weil es im klassischen Yachtdesign keine quantifizierenden Vergleichskriterien für die Lurching-Komponente gibt, möchte ich von einer Kopplung oder Einberechnung in die YAW- und ROLL-Resistenz an dieser Stelle absehen, aber im Augebehalten.

				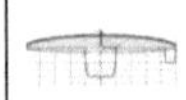		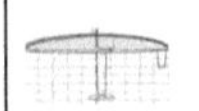	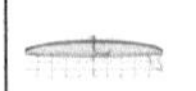			
			GENERAL-SFZ	FAHRTEN YACHT	LANGKIEL YACHT	RENNYACHT	SURFBOARD	KÄFERTyp I	KÄFERTyp II	
S	YAW	L^4	60	27	121	28	25	39	19	
S	ROLL	L^4	10	11	41	15	1	17	6	
	$_{Real}$ LWL	m	10	10	10	15	2	0.05	0.05	
	$_{General}$ LWL	L	10	10	10	10	10	10	10	
	Gen. $A_{BENETZT}$	L^2	10	5	17	4	1	8	6	

Die YAW-Resistenz und ROLL-Stabilität unterschiedlicher Halbtaucher-Lateralpläne unterscheiden sich in ihrer Größenordnung. Unter der Annahme, dass die Formänderungsarbeit an der, durch den Lateralplan determinierten, verdrängten Wassermasse eines halbtauchenden Seefahrzeugs in Fahrt in erörterter Weise als Kriterium für die YAW-Resistenz und ROLL-Stabilität unterschiedlicher Halbtaucher-Lateralpläne beschrieben werden darf,

$$W_{FOA} \sim \quad I_{AX} = \Sigma^{i,k}\ \Delta A_{ik}^{2}/12 \ +\ a_{ik}^{2} \cdot \Delta A_{ik}$$

.. aber über unterschiedliche Achsen an das Modell getragen wird, stellt sich ein durchwachsenes Bild dar.

Die passive Resistenz gegen Rollbewegung ist erwartungsgemäß bei der langkieligen Yacht am stärksten ausgeprägt. Rein quantitativ ist die Flächenwirkung des Langkielers bevorteilt. Interessant ist Charakterisierung der Resistenzeigenschaften des Unterwasserschiffes der

Rennyacht. Der lange Hebel (klassische Argumentation) geht zunächst positiv in die Bilanz ein. In Anbetracht dessen, dass die Rennyacht ja eine Segelrennyacht ist, stehen ja die passive Resistenzleistung der Formstabilität des Unterwasserschiffs und das Energieangebot des „Leistungs-Entkopplungs-Apparates“ (vulgär: Segel) oberhalb der Wasserlinie in einem dynamischen Gleichgewicht immer dann, wenn die Bilanz alle, und hier eben auch die gravitativen Komponenten berücksichtigt. Aber genau das tut unsere Methode nicht! Dennoch bleibt eine Mahnung die Abstandsquadrate im Wirkabstand nicht zu unterschätzen oder zu vernachlässigen. Im positiven Sinne.

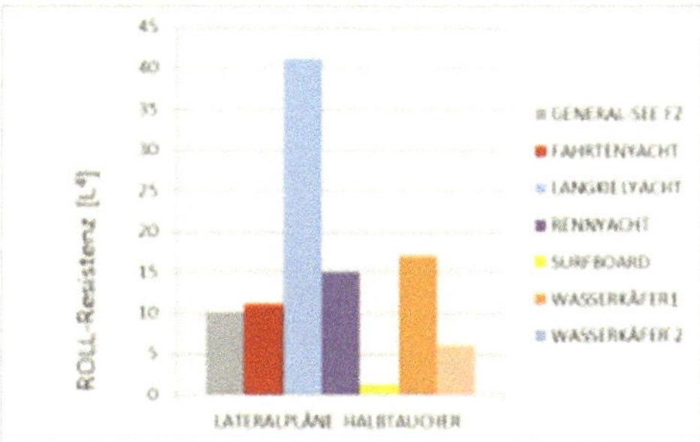

Das Surfboard holt seine Roll-Stabilität (natürlich) nicht aus dem Unterwasserschiff. Surfboards werden im Allgemeinen nicht und als Referenzsystem schon gar nicht als Halbtaucher behandelt, sondern als Gleiter. Die Resistenz gegen das Rollen hat seine Ursache in ganz anderen, wenn auch ebenfalls geometrischen Eigenschaften. Aber das Surfboard wird seiner Rolle als Vergleichssystem gerecht. Wir sehen hier sozusagen das untere Ende der Fahnenstange. Was uns zu den beiden Modellen der Kolbenwasserkäfer bringt. Das Unterwasserschiff der Kolbenwasserkäfer ist ein wunderbares Beispiel für eine Integralkonstruktion. Die (an anderer Stelle zu diskutierende) Rail-Fin-Intergation des Unterwasserschiffs des Kolbenwasserkäfers, die geometrische Kopplung eines (langen) Kieles mit einer achterlichen Finne, die Ablösung der Traktionstragfläche vom Rumpf, all das ist zunächst einmal gestalterisch gesehen von großer Ästhetik. The Big Flash. Dass sich diese Rail-Fin-Intergation aber auch vor dem Hintergrund der angesetzten Resilienz-Kriterien gegenüber der Rennyacht und dem Lateralplan der Fahrtenyacht durchsetzt, ist natürlich für einen Bioniker Grund zu großer Freude. Die YAW-Resistenz des Langkieler-Lateralplans ist viermal so groß wie jener des Fahrtenyacht- und des Rennyacht-Unterwasserschiffes.

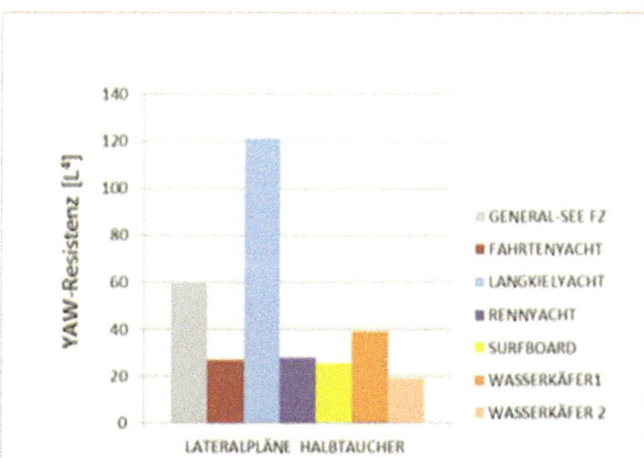

Unter den Konfigurationen geringerer Gierfestigkeit schneidet das Unterwasserschiff des Kolbenwasserkäfers am besten ab. Renn- und Fahrtenyacht, als auch das Surfboard liegen zahlenmäßig auf ähnlicher Höhe. Das Surfboard fällt alleine dadurch nicht ins Hintertreffen, weil der Abstand der wirksamen Fläche einen großen „dynamischen Hebel“ – um diese Begriff zu bemühen – besitzt und der so genannte Steiner-Anteil mit dem Quadrat des Abstands der wirksamen Flächeneinheit abgerechnet wird. Dieses Ergebnis ist einerseits sinnfällig, andererseits eine freundliche Geste der Analyse, das Abstands-Argument als feste Größe in die Gestaltungspraxis aufzunehmen; ähnlich der Argumentation um die Rollresistenz bei der Rennyacht.

Bibliographie und weiterführende Literatur

[BaNe-98] Barthlott, W.; Neinhuis, C.: Lotusblumen und Autolacke – Ultrastruktur pflanzlicher Grenzflächen und biomimetische unverschmutzbare Werkstoffe. Biona Report 12, Schriftenreihe der Wissenschaften und der Literatur, Mainz. Gustav Fischer-Verlag, Stuttgart 1998.

[Bann-02] Bannasch, Rudolph. Vorbild Natur. In: design report 9/02, S.20ff. Blue.C Verlag Stuttgart: 2002.

[Bapp-99] Bappert, R. Bionik, Zukunftstechnik lernt von der Natur. SiemensForum München/Berlin und Landesmuseum für Technik und Arbeit in Mannheim (Herausgeber): 1999

[Bech-93] Bechert, D.W.: Verminderung des Strömungswiderstandes durch bionische Oberflächen. In: VDI-Technologieanalyse Bionik, S. 74 – 77. VDI-Technologiezentrum Düsseldorf 1993.

[Bech-97] Bechert, D.W., Biological Surfaces and their Technological Application. 28th AIAA Fluid Dynamics Conference: 1997

[Cal-84] Calder, W.A. (1984) Size, Function and Life History. Harvard University Press. Cambridge 431pp.

[Die11-1] Dienst, Mi. (2011) Hrsg. Transactions in Bionic Engineering Design, Vol.-Nr.001. BOD Verlag Norderstedt. ISBN 978-3-8423-2714-6.

[Die 11-2] Dienst, Mi., (2011) Bionic Research Unit Berlin. Rezente Bionikforschung an der Beuth Hochschule für Technik Berlin, In: 5. Bremer Bionik Kongress – Tagungsbeiträge. Hrsg.: Antonia B. Kesel, Doris Zehren, S. 200-203. ISBN 978-3-00-033467-2

[Die09-4] Dienst, Mi.(2009) Physical Modelling driven Bionics. GRIN-Verlag München.

[DUB-95] Dubbel, Handbuch des Maschinenbaus, Springer Verlag Berlin, 15.Auflage 1995.

[Fli-02] Flindt, R. (2002) Biologie in Zahlen Berlin: Spektrum Akademischer Verl.

[Fren-94] French, M.: Invention and Evolution: design in nature and engineering. Cambridge University Press. Cambridge 1994.

[Fren-99] French, M.: Conceptual Design for Engineers. Berlin, Heidelberg, New York, London, Paris, Tokio: Springer: 1999

[Gel-10] Produktinformation, 05 2010, GELITA 69412 Eberbach. www.gelita.com

[Guen-98] Günther, B., Morgado, E. (1998) Dimensional analysis and allometric equations concerning Cope's rule. Revista Chilena de Historia Natural 71: 331-335, 1989

[Gör-75] Görtler, H. Diemensionsanalyse. Berlin Springer 1975

[Guen-66] Günther, B., Leon, B. (1966) Theorie of biological Similarities, nondimensional Parameters and invariant Numbers. Bulletin of Mathematical Biophysics Volume 28, 1966.

[Gutm-89] Gutmann, W.: Die Evolution hydraulischer Konstruktionen. Verlag W. Kramer: Frankfurt am Main, 1989.

[Hüt-07] Hütte, 2007, 33. Auflage, Springer Verlag. S.E147

[Hux-32] Huxley, J.S. (1932) Problems of relative Growth. London: Methuen.

[Liao-03] Liao, J.C.; Beal, D.; Lauder, G.; Triantayllou, M. Fish Exploting Vortices Decrease Muscle Activty. In: Science 2003, S. 1566-1569. AAAS. 2003.

[Matt-97] Mattheck, C.: Design in der Natur. Rombach Verlag. Freiburg 1997.

[Nac-01] Nachtigall, W. (2001) Biomechanik. Braunschweig: Vieweg Verlag.

[Nach-98] Nachtigall, W. : Bionik – Grundlagen und Beispiele für Ingenieure und Naturwissenschaftler. Springer-Verlag, Berlin-Heidelberg-New York 1998.

[Nach-00] Nachtigall, Werner; Blüchel, Kurt. Das große Buch der Bionik. Stuttgart: Deutsche Verlags Anstalt: 2000.

[PaBe-93] Pahl. G.; Beitz, W.: Konstruktionslehre, 3.Auflage. Berlin- Heidelberg-New York-London-Paris-Tokio: Springer 1993

[Pflu-96] Pflumm, W. (1996) Biologie der Säugetiere. Berlin: Blackwell Wissenschaftsverlag.

[Rech-94] Rechenberg, Ingo. Evolutionsstrategie'94. Frommann-Holzoog Verlag. Stuttgart: 1994.

[Schü-02] Schütt, P., Schuck, H-J., Stimm, B. (2002) Lexikon der Baum- und Straucharten. Nikol, Hamburg, ISBN 3-933203-53-8

[Tho-59] Thompson, D'Arcy, W. (1959) On Growth and Form. London: Cambridge University Press. (Neuauflage der Originalschrift 1907)

[Tho-92] Thompson, D W., (1992). *On Growth and Form*. Dover reprint of 1942 2nd ed. (1st ed., 1917). ISBN 0-486-67135-6

[Tria-95] Triantafyllou, M.: Effizienter Flossenantrieb für Schwimmroboter. In: Spektrum der Wissenschaft 08-1995, S. 66–73. Spektrum der Wissenschaft-Verlagsgesellschaft mbH, Heidelberg 1995.

[Zie - 72] Zierep, J. (1972) Ähnlichkeitsgesetze und Modellregeln der Strömungslehre. Karlsruhe: Braun Verlag 1972.

EPILOG

Die Berechnung und die Darstellung linearer, rein von der Größe und Anzahl der Teilflächen des Lateralplans abhängigen Größen ist eher trivial aber dennoch (ausschließend) informativ. Wir haben von der Lateralfläche eben keine großen Margen an Friktions-Resistenz zu erwarten. Immerhin beruhigend ist, dass die herrschenden Gestaltungsparadigmata (schneller, größer, breiter; der Trend geht zum Zweitkühlschrank an Bord) den Reibungswiderstand im Blick behalten, von seiner angestrebten Reduzierung bei zukünftigen Konstruktionen aber keine im größeren Maße auftretenden Gefahren auftreten. Alles entspricht soweit den Erwartungen und auch der Ehrgeiz jener in der einen oder anderen Marketingfalle gefangenen Konstrukteure sollte keinen allzu großen Schaden anrichten.
Ganz anders die bei der Resistenz gegen Rollen und jene gegen Gieren aus den Modellrechnungen extrahierbaren Erkenntnisse. Der Versuchung alleine durch die Verringerung der Fläche des Lateralplans die so genannte Agilität und Dynamik einer Yacht zu „optimieren" erliegen nahezu alle mit der Neukonstruktion einer Yacht Betrauten. Womit nicht alleine die Konstrukteure und Designer die letztendlich das Schiff „zeichnen" gemeint sein sollen. Gerade im Hobbybereich fordert der Markt leistungsbetonte Yachten und gerade auf sicheren Binnenrevieren habe ich in den vielen Jahren als Wettfahrtleiter viele bis an die Grenze der Geschmacklosigkeit übertakelte Neukonstruktionen sich ins Ziel gieren sehen. Und sah ihre Unterwasserschiffe. Neben all dem Stress während einer Regatta ist das Startschiff ein (ebenfalls sicherer) Ort vergleichende Spekulationen (von lat. *speculari* spähen, beobachten; von einem erhöhten Standpunkt aus in die Ferne spähen) über die Entwicklung des Yachtdesigns anzustellen. Ich befürchte, die am Markt orientierte Neukonstruktion einer Binnenyacht lässt dem Yachtdesigner immer kleiner werdende Spielräume. Mehr noch, die in allen Lagen des Lebens, so auch im Regattabereich geforderte Digitalisiereng, ja vielleicht demnächst der von höherer Seite angemahnte künstlichen Intelligenz beim Manövrieren wird mit Sicherheit dazu führen, einer Yacht ein weiteres Quäntchen Agilität dadurch zu entlocken, dass passive Stabilität und Resistenz wider Schiffsbewegungen reduziert wird und eingetauscht gegen Steuer- und Regelungsaufwand Seitens der Bordelektronik und bei Versagen der kognitiven Qualitäten des Rudergängers (.... und seiner App, hätte ich beinahe geschrieben). So gesehen ist das Ergebnis meiner Untersuchungen wahrscheinlich ein Unnützes.

Michael Dienst, Berlin im März 2018

Lateralplanloser Grundkörper

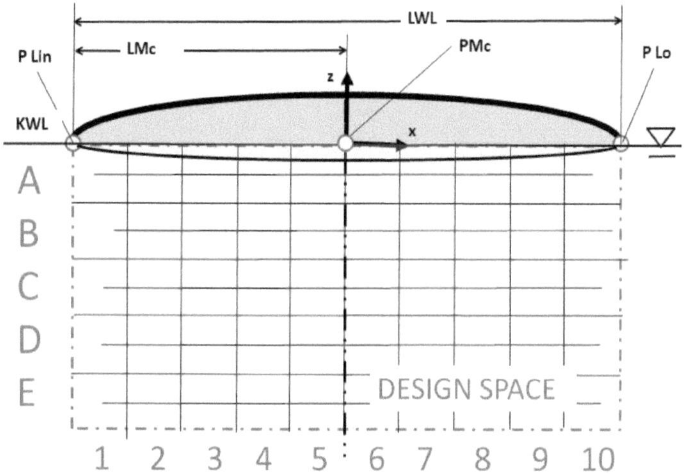

Lateralplanloser GrundkörperTyp: 000.000.BAS

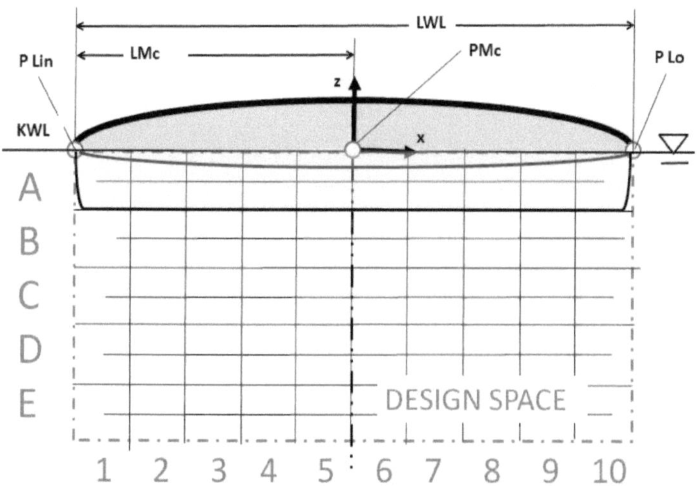

Generalisierter Halbtaucher: 001.001.GEHA

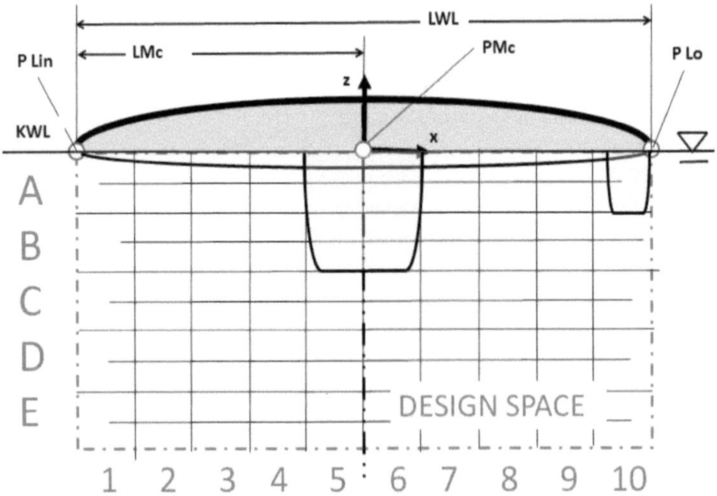

FahrtenYacht : 001.000.FAHR

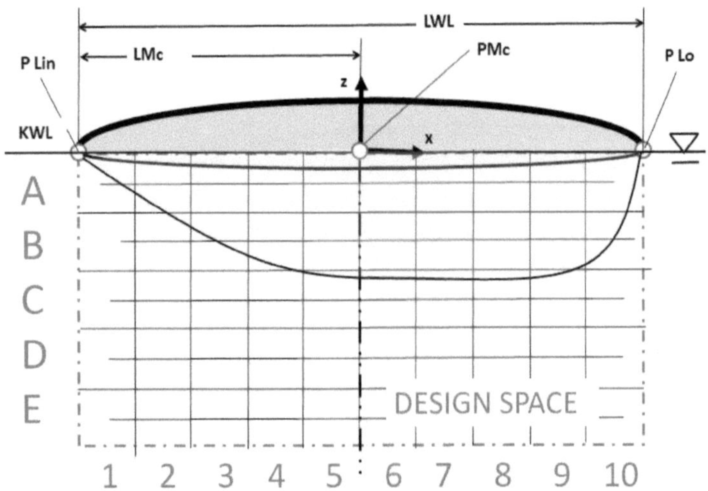

LangkielYacht : 001.000.LANG

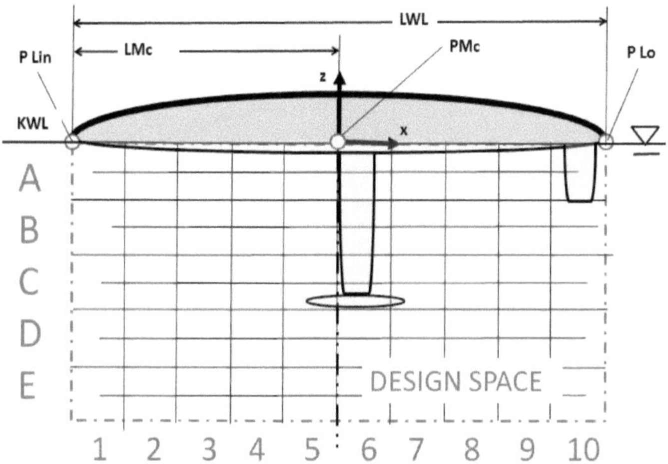

RennYacht : 001.000.RENN

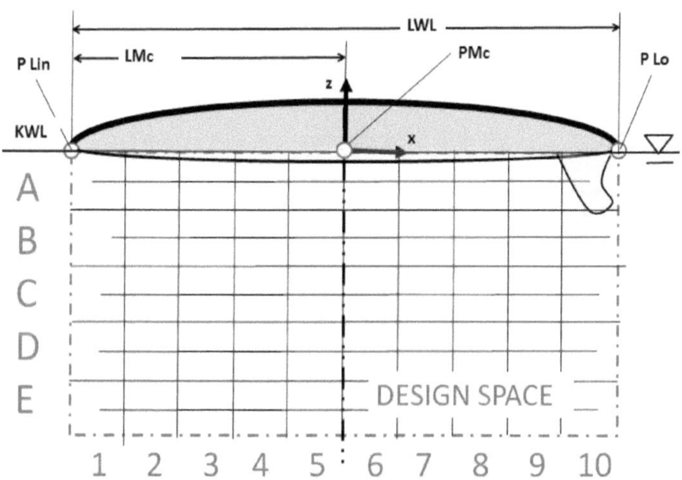

Surfboard : 001.000.SURF

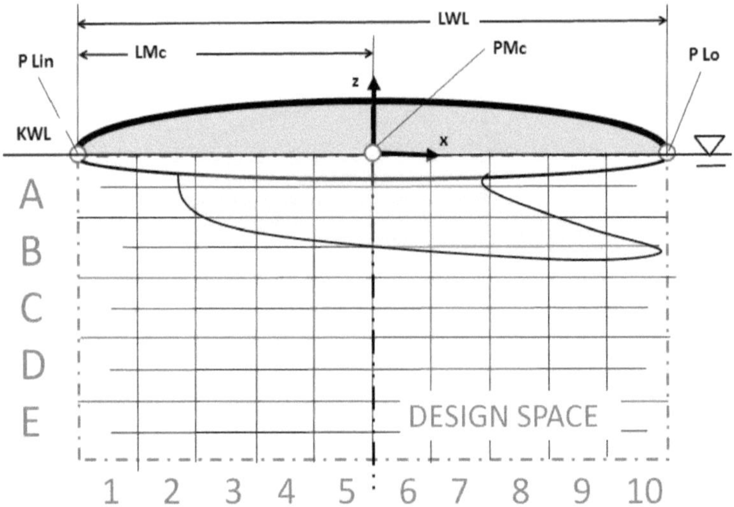

KolbenwasserKäfer: 001.001.KAEF

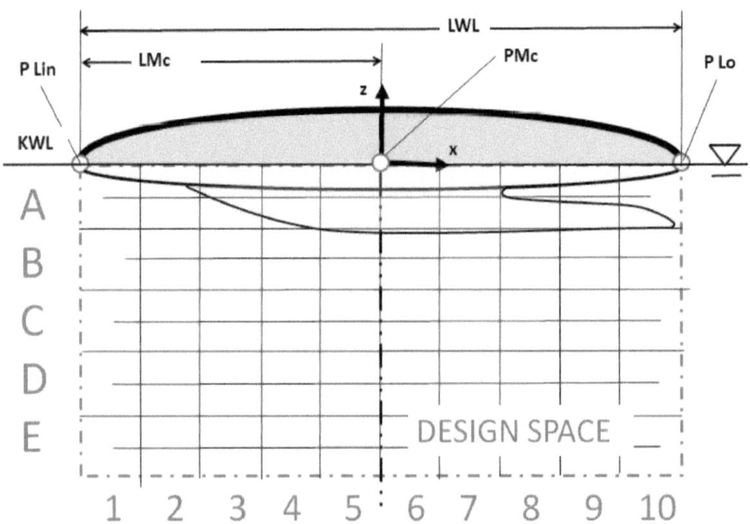

KolbenwasserKäfer : 002.001.KAEF

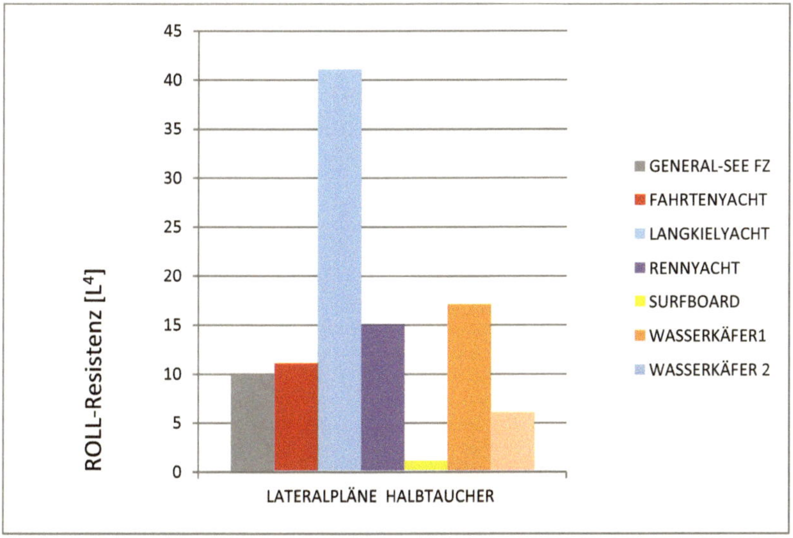
ROLL-Resistenz [L4]
45
40
35
30
25
20
15
10
5
0
LATERALPLÄNE HALBTAUCHER
GENERAL-SEE FZ
FAHRTENYACHT
LANGKIELYACHT
RENNYACHT
SURFBOARD
WASSERKÄFER1
WASSERKÄFER 2

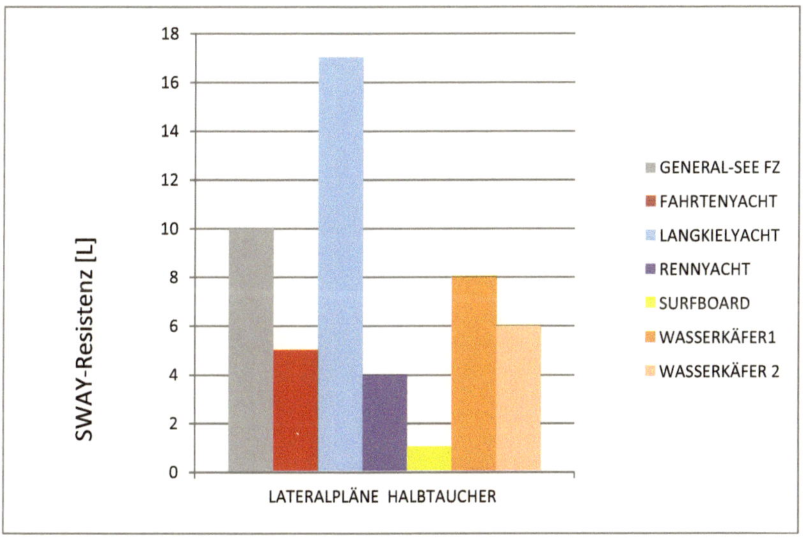
SWAY-Resistenz [L]
18
16
14
12
10
8
6
4
2
0
LATERALPLÄNE HALBTAUCHER
GENERAL-SEE FZ
FAHRTENYACHT
LANGKIELYACHT
RENNYACHT
SURFBOARD
WASSERKÄFER1
WASSERKÄFER 2

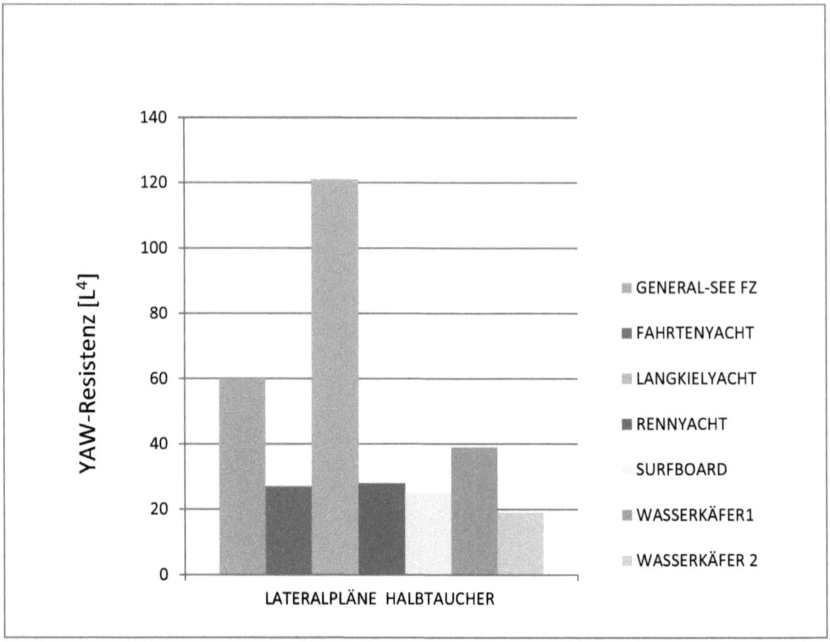
YAW-Resistenz [L4]
140
120
100
80
60
40
20
0
LATERALPLÄNE HALBTAUCHER
GENERAL-SEE FZ
FAHRTENYACHT
LANGKIELYACHT
RENNYACHT
SURFBOARD
WASSERKÄFER1
WASSERKÄFER 2